サワガニ "青" の謎

古屋八重子・山岡遵
Yaeko Furuya, Jun Yamaoka

サワガニの色に魅せられて

あなたはサワガニを知っていますか？
捕まえたことはありますか？
何色でしたか？

　私たちが子どもの頃に、山間の谷で捕まえて遊んだサワガニは茶色か赤茶色でした。捕って帰ったサワガニは、ご飯つぶを餌にして一週間ぐらいは生きていたでしょうか。そんな体験しかない私たちは「青いサワガニがいる」という情報に驚きました。青いサワガニ？　嘘でしょ、もしも、もしも、本当なら捕まえてみたい……。
　おんなじことを感じた中高年が数人、サワガニ探しに出かけました。そうしたら、いたのです、青いサワガニが、トルコ石かと思うような美しいブルーのサワガニが。

「こんな山奥の谷でゴソゴソしよったら、なんか怪しげに思われるでねえ」
「そうよ、それも中高年が、誰もいない谷で石をはぐりゆうき」
　サワガニは本流よりも、流れの緩やかで、水のきれいな支流や谷筋に生息しています。そんな場所を見つけると、バケツを提げ、谷に下りていきます。
「おったかえ」
「この谷はおらんねえ」
「おっても、おかしくない谷やに」
　サワガニの生息場所は、集中豪雨や土砂崩れで危険な状態になっていて、そんな谷はいくら探しても見つけられないこともしばしばでした。でも、サワガニ探しの旅は続きます。
　色の違いはどうしてできるの？　青いサワガニと赤いサワガニは同じ種なの？
　次々にあふれ出てくる「なぜ」「どうして」「どうなっているの」の答えを求めて、サワガニ探しは仁淀川から高知県全体へ、そして四国へ、九州、紀伊半島へと広がっていきました。
「ようここまで、飽きずに探し続けてきたねえ」
「何がそうさせたがやろうねえ」
「サワガニの色やない」
「そうよ、サワガニの色に魅せられたがよ」

　まるで夢を追いかける子どものようにサワガニと向き合ってこれたのも、身近な「不思議」に目を向けたからでしょうか。中高年の私たちでも、こんなにも夢中になることができるんだ！　愛くるしいサワガニに感謝しています。

目次 **サワガニ "青" の謎**

1、仁淀川のお宝を再発見しよう！ ……………………………… 7
仁淀川を盛り上げよう ……… 7
ターゲットは何にしよう？ ……… 7
サワガニの色を調べてみよう ……… 9

2、サワガニのことを知る ……………………………… 10
系統分類 ………10
分布域 ………10
躰のつくり ………10
生育と脱皮 ………11
自切と再生 ………12
淡水で生きるサワガニ ………13
サワガニの見分け方 ………13

3、調査の基準を作る ……………………………… 15
サワガニの色をどう分けたらいいのか？ ………15
どれくらいの大きさのサワガニを対象としたらいいのか？ ………16
調査項目を決め、記入用紙を作る ………18

4、"青色" の衝撃 ……………………………… 19
仁淀川の調査が始まる ………19
いきなり " 青 " の衝撃が走る ………19

5、青いサワガニは茹でも赤くならない？ ……………………… 24
カニは茹でたら赤くなるはず ………24
青系統は赤くならない ………25
赤系統は赤くなる ………26
暗色系統は赤くなる ………27
青いサワガニの色の謎 ………28

6、仮説が崩れ、謎が深まる ……………………………… 29
立てられた仮説 ………29
物部川には何色のサワガニがいるのだろうか？ ………31
物部川には赤いサワガニがいるはず ………31
どこが青と赤の境なのだろうか？ ………32
サワガニの色を高知県全体で見てみたい？ ………32
足摺半島だけに青いサワガニの謎 ………34

7、四国ではどうなっているのだろう？ ……………………… 43
えっ、黄色 !? ………43
四国全体のサワガニを見てみたい ………44
青いサワガニは愛媛県の中山川を境にして東に ………45
今度は香川県で真っ黒いサワガニを発見！ ………48

徳島県は青かった ………49
サワガニの四国の色別分布図を仕上げる ………53
サワガニの色分け基準の見直し ………57
サワガニの色の分類基準 ………58

8、青いサワガニの卵は何色だろう？ ………62
サワガニはいつ卵を産むのだろう？ ………62
飼育して産卵や抱卵を観てみたい ………63
サワガニは自分の脱皮殻を食べて育つ ………64
赤いサワガニの卵は赤い ………65
青いサワガニの卵は何色だろう？ ………66

9、サワガニの色は一生同じなのだろうか？ ………68
サワガニの色は成長とともに変わる？ ………68
青いサワガニの小さい個体がいない!? ………68
青いサワガニを飼育してみる ………70
赤系統と暗色系統を飼育してみる ………72
新しい色分けへ ………72

10、ミトコンドリアDNAの分析結果が出る ………74

11、青と赤のサワガニが二分しているわけ？ ………77
他地域と比較してみよう ………77
九州の青と赤のサワガニの色分布が二分しているわけ？ ………77
紀伊半島に青いサワガニを求めて ………79

12、色の謎の解明へのヒント ………82
同じサワガニでも形が違う ………82
1・雄と雌で差異があるの？ ………83
　徳島・那賀川の例 ………83
　愛媛・僧都川の例 ………84
　九州では ………84
　紀伊半島では ………85
2・個体群の間で差があるの？ ………85
　個体群の中で色系統による違い ………87
3・歩脚の毛の長さの違いは何を物語る？ ………89
4・独自の系統樹を作ってみた ………92
　四国の事例から ………94
　九州の事例から ………95
　サワガニは歩いて移動した!? ………98
5・謎のこれから ………99
　キーワードは "青"
　　──なぜ青いサワガニは太平洋側の半島にいるのだろう？ ………99
　DNA夢物語──なぜ青色が生まれたのだろう？ ………101

サワガニの色に魅せられた「カニ友」たち ………104

1、仁淀川のお宝を再発見しよう！

仁淀川を盛り上げよう

　5年連続水質日本一の仁淀川。仁淀川の水は、仁淀川の石は、なぜきれいなのだろう？
——私たちは、この「なぜ」という素朴な視点からスタートしました。仁淀川をこよなく
愛する者が2010年4月、仁淀川のお宝を再発見しよう、地元から仁淀川を盛り上げてい
こうと、水生昆虫・両生類・魚類、観光、風景写真、流木アート・キャンプ、地質、河原
の石、植物、生活・食、神社、川遊び・水切りに興味のある10名が集まり、「天海に通
ずる仁淀川探検記」を立ち上げたのです。

　最初の1年は、ガイド向けの仁淀川の河原の石の標本づくり、「仁淀川の河原の石はど
こから来たの」の冊子づくり、水切り大会、流木を使った椅子・額縁づくり、仁淀川流域
の植物観察、風景写真撮影など、それぞれが目標を持ち、独自に取り組みを進めていきま
した。

ターゲットは何にしよう？

　その中でも水生生物班は当初、水生昆虫をはじめ、魚類、両生類、は虫類も調べ、何か
発見につながらないか、その発見が仁淀川全体の大きな特徴であれば言うことはありませ
んが、ここにはこんな珍しい生き物がいる、といったスポット的なものでもいいと思いま
した。メンバー2人は、仁淀川の河口から源流域の面河まで8回におよぶ調査をおこない
ながら、さまざまな生き物の記録を取ることをしました。

　調査ではまず、両生類かは虫類で何か発見できないかと考え、イモリに期待をしました。
というのも、イモリの腹面は背面と異なり鮮やかな朱色をしていて、その模様に地域特異
性があるからです。例えば高知県と愛媛県の個体では赤みの色に差があります。そこで、
仁淀川のイモリの分布を腹面の模様で分ければ面白いと思ったわけです。同時に、カエル
の分布も種類別に分けてみるのはどうだろうか、と考えました。

　しかし実際に調査をしてみると、思った通りにはいきません。両生類もは虫類も夜行性

のものが多く、簡単に捕まえることができないのです。カエルなら捕まえなくても鳴き声でわかると思ったのですが、鳴くのは繁殖期のみであることを失念していました。間隔を空けることなく同じような季節に調査しなければ、歯抜けの多いマップとなってしまいます。

そこで次に目を付けたのが、特定外来生物です。昨今、本来の生息域以外から持ち込まれた生物が問題となっています。もし仁淀川に外来生物が生息していれば早めに警鐘を鳴らすことができると思い、その分布を調べてみようと思いました。しかし、これもボツとなりました。というのも、マップにできるほど目立った外来生物が発見できず、そもそも仁淀川の「お宝」にはなりません。

イモリやカエルにしろ、特定外来生物にしろ、仁淀川における分布マップを作るというのは悪くない企画ですが、個体数を考えていませんでした。これらの生物を対象にするには、もっと長い期間をかけて調査をする必要があるのです。

仁淀川のお宝につながる「何か」を求めて1年間調査しながら、水生生物班は仁淀川水系の水生昆虫の調査報告書をまとめあげました。水生生物は、魚や両生類などはもちろんですが、水生昆虫も大切な構成員で、欠かすわけにいきません。仁淀川により多くの自然が残されているならば、豊富な水生昆虫相が見られるはずです。実際、確認できた水生昆虫は、9目、49科、158種にのぼりました。そのほかに下記に挙げる生物たちも確認されました。こうした生物たちが暮らし続ける川であってほしいと思いました。

魚　　類：アカザ、アマゴ、ウナギ、カマツカ、カワムツ、カワヨシノボリ、タイリクバラタナゴ、タカハヤ、トウヨシノボリ、ドンコ、ニゴイ、ヌマチチブ、ブラックバス、ボウズハゼ、ヨシノボリ類

甲殻類：アメリカザリガニ、サワガニ、スジエビ、テナガエビ、ミナミヌマエビ、ヤマトヌマエビ、モクズガニ

両生類：アマガエル、カジカガエル、シュレーゲルアオガエル、ツチガエル、ヤマアカガエル、イモリ、シコクハコネサンショウウオ

は虫類：アオダイショウ、カナヘビ、シマヘビ、クサガメ

サワガニの色を調べてみよう

　ここで何をすればいいのか袋小路に迷い込んでしまったのですが、ふとある考えが浮かびました。

　調査中にサワガニに出会ったのですが、その時に偶然ですが色を記録していました。多分イモリの腹部の色を気にかけていたからだと思います。そこで、記録していたサワガニの色を見返してみました。すると、赤っぽいものから青白っぽいもの、茶色っぽいものなど、さまざまな色のサワガニがいることがわかりました。

　よし、これを仁淀川マップに落とし込めばいいぞ、とひらめいたのです。もともと仁淀川には「五色石」があります。赤、灰、緑、白および黒色の円摩された鮮やかな色をした石です。それにちなんで、"五色のサワガニに出逢える川"というのは仁淀川のお宝になる！、と思いました。

　1年の調査を終えて発表会と反省会が開かれ〈このあとどうするか〉となった時、一番元気に調査を終えた水生生物班のひらめき「仁淀川のサワガニ」がターゲットになったのです。仁淀川のサワガニの体色調査はこのような偶然と思いつきから始まりました。

　サワガニは私たちの身近に存在し、食材にもなる生き物です。場所によっては数もたくさんいますし、色が目立つので見つけやすくもあります。お世辞にも珍しく感じることはないので、なんとなくサワガニのことを知っているような気になっています。しかし、それは人間の思い込みかもしれません。サワガニに限らず、ほんの少し興味を持っただけで、次々に謎と不思議が湧いてきます。当たり前のように身近にいる生き物でも、こちらから歩み寄っていけば、素敵な新発見を次々に教えてくれます。

　今回も調べて解明したというより、まるでサワガニが自分から問いかけてきているような思いを持ちました。生き物のことを知るというのは、理解をするのではなく教えてもらうということなのかもしれません。

2、サワガニのことを知る

　サワガニの調査に入る前に、サワガニってどんな生き物？ということを掴んでおきたいと思います。

系統分類

　まず、サワガニは生物としてどのように分類されるのでしょう？　分類学的な位置は以下のようになっています。

学名：サワガニ　***Geothelphusa dehaani***（White）

節足動物門　Arthropoda

甲殻亜門　Crustacea

エビ綱（軟甲綱）　Malacostraca

エビ目（十脚目）　Decapoda

エビ亜目　Pleocyemata

カニ下目　Brachyura

サワガニ上科　Potamoidea

サワガニ科　Potamidae

サワガニ属　*Geothelphusa*

分布域

　サワガニは日本の固有種で、もともとは本州、四国、九州に分布、人間の持ち込みで現在は北海道にも生息しています。近縁種が、八重山諸島に５種あまりいます。

躰のつくり

　サワガニをふくめてカニの仲間の躰は、頭胸部・腹部・附属肢の三つの部分に分かれま

す。頭胸部というのは、上から見たときのカニの躰で、昆虫で言うなら頭と胸の部分が合体したものです。内臓の大部分がこの中に入っています。(以後、「頭胸部」は本来外皮を意味する「甲羅(こうら)」または「甲殻(こうかく)」と呼称します)

カニを裏返すと、俗に「ふんどし」と呼ばれているところがあり、これが腹部です。見た通り小さくて、中身は消化管ぐらいしか入っていません。

頭胸部にも腹部にも、いろんな附属肢がほぼ左右対になって付いています。頭胸部にあるハサミ（鉗脚(かんきゃく)）とアシ（歩脚(ほきゃく)）はすぐわかります。触角や口の部分も、もとは附属肢だったものが変形したものです。腹部にも小さな附属肢があって、雄は交尾の時に、雌は卵や仔ガニを抱くのに使っています。

鉗脚と歩脚は、7節に分かれています。基の方から底節(ていせつ)、基節(きせつ)、座節(ざせつ)、長節(ちょうせつ)、腕節(わんせつ)、前節(ぜんせつ)、指節(しせつ)と呼ばれています（基節と座節はなかば癒合(ゆごう)。自切する時は、ここから先を切り離す）。鉗脚の指節(尖端)に可動指(つめ)があり、いわゆるハサミになっています。

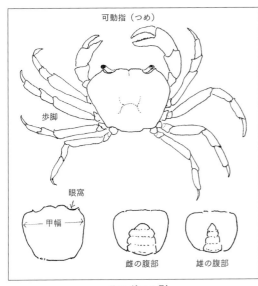

サワガニの形

※昆虫や甲殻類では、《足》ではなく《肢》をよく使います。

生育と脱皮

節足動物というのは、躰の表面が硬くて、そこに筋肉がつながり、この外皮がヒトの骨と同じ役割をしている動物たちです。「外骨格(がいこっかく)」とも呼ばれています。エビ・カニの仲間のほかに、昆虫やクモなどがその類です。もっとも、昆虫などの外骨格はキチン質だけなので、カルシュウムを含むエビ・カニほどには硬くはありません。

躰が硬い外皮におおわれていると、外傷をうけにくいなど都合の良いことがたくさんありますが、一方で躰が大きく成育するのを妨げてしまいます。それを解消するために、彼らは脱皮(だっぴ)という技を身に付けました。外皮（外骨格）のなかで躰がぎゅうぎゅう詰めになるほど生育すると、内側に柔らかい外皮ができて、古い外皮をすっぽりと脱ぎ捨て、その時に急激に大きくなります。カニの仲間では、たいてい甲羅の後端が破れて、後ろ向きに躰が出てきます。

貝はどうなのでしょうか。同じように硬い殻におおわれていますが、二枚貝も巻き貝も躰の生育に伴って殻も大きくなってゆきますから、貝殻を新しく作り替えることはありま

せん。つまり脱皮をしないのです。

　脱皮直後の外皮は「殻」とは言えないほど軟らかいので、脱皮の時はウイークポイントです。そのかわり、脱皮を機に躰の形を変えて、生き方を方向転換するという技を身に付けることもできました。わかりやすいのは、昆虫で見られる幼虫と成虫の違いです。

　海にすむカニの仲間も同じようなことをやっています。卵からかえった赤ちゃんは、カニとは別の生き物かと思うような形でプランクトンの生活をしながら数回脱皮し、生育します。この時期を「ゾエア」と呼んでいます。もう1回脱皮すると、カニの仲間に入れてもよいかなと思えるような形になり、それでもプランクトンの生活をします。これは「メガロパ」と呼ばれています。

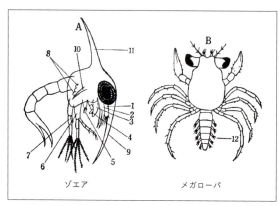

カニの仲間（カニ下目）の幼生
（北隆館・新日本動物図鑑（1965）より）

　メガローパが海底の岩や砂、あるいは海藻などに止まってもう一回脱皮をすると、親と同じ形のカニになります。

自切と再生

　サワガニを捕まえようとしてアシを持ったりすると、アシを残して逃げてしまうことがあります。身を守るための「自切」です。捕まえた時、アシやハサミが欠けている個体もいますが、何らかの危機に自切をしたのでしょう。

　そうした個体を観察すると、多くはアシやハサミが本来あるべきところに小さな丸い膨らみができています。これが再生のはじまりで、次の脱皮の時に、ここから小さめのアシやハサミが出てくるはずです。

　自切は、脱皮に伴う特技の一つということができます。

自切のあと

再生した鉗脚と歩脚、色がうすい（サワガニ）

淡水で生きるサワガニ

カニの仲間は海で進化し、海とその周辺でたくさんの種類に分化しました。

サワガニのように完全な淡水生（ないし陸生）ではないが、＜川の周辺で見つかるカニの仲間＞に、アカテガニ、ベンケイガニ、クロベンケイガニ、モクズガニなどがあります。

アカテガニ

クロベンケイガニ

モクズガニ（仔ガニ時のもの）

アカテガニの仲間は、海岸近くの陸上にすんでいます。足摺半島の遍路道を歩くと、道脇の崖や石垣などにサワガニより一回り大きな赤いカニがいます。このカニたちは、雌が年に1度、夏の満月（時には新月のことも）の夜に海岸へ出て、たくさんの小さな卵を一斉に海へ放ちます。卵は、海水に触れた瞬間に孵化してゾエアになります。メガローパの時期を経て、仔ガニになったら陸へあがってきます。彼らは海から離れた場所で生活をしていますが、海とすっかり縁切りをしたわけではありません。

ベンケイガニ、クロベンケイガニも似たような生き方です。モクズガニは、河川で育ち、河口から数十km以上も離れた所まで生息していますが、汽水域で産卵し、幼生はそこで育ちます。

一方、サワガニは川の上流部にすみ、海とは完全に離れた生活をするようになりました。一生を川の上流部や沢で過ごします。アカテガニのようにゾエアを川に放ったら、すぐに流されてしまうことでしょう。サワガニのこどもは、卵の中でゾエアとメガローパの時期を過ごして、カニの姿になってから孵化します。そのため、卵が大きいことが求められ、数は20～60個とあまり多くありません。

サワガニの見分け方

川の周辺で見つかるカニの仲間はどれもサワガニより大きく成長しますが（サワガニの甲幅はたいてい30mm以下）、30mm以下の小さい個体の時期もあるので、サワガニと間違わないようにしなくてはなりません。

その決め手は、甲羅の横のラインです。サワガニは逆ハの字（幅の一番広いところが前

サワガニの見分け方

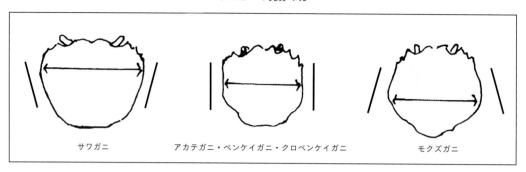

より）ですが、アカテガニとベンケイガニはほぼ並行、モクズガニはハの字（幅の一番広いところが後ろより）です。

3、調査の基準を作る

サワガニの色をどう分けたらいいのか？

調査のテーマをサワガニの「色」に絞ったものの、色をどう分類するのか、その基準をどうするのか、スタートに当たって悩むことなりました。

一寸木氏の色分け

体色について

サワガニの体色変異は甲皮や鉗脚・歩脚に顕著に現われる。その色彩は複雑であるが、よく観察すると、次のような3つの型（BL型、RE型、DA型）およびそれにふくまれる総計8種類を識別することができた。これらの代表的な個体の色彩は図版Ⅷに示してある。

BL型 甲皮は灰青色または灰緑色であるが、これらに暗赤紫色がくわわる場合もある。鉗脚・歩脚も同様な色彩である。

　BL₁型 甲皮は全体に灰青色または灰緑色で、前域は灰青色か灰紫色、後域は灰色または淡灰褐色、前側縁は白色または淡黄色。鉗脚・歩脚は白色・淡黄色・灰青色。

　BL₂型 甲皮は半透明で前域は灰褐色や灰赤褐色、後域は灰色や淡黄色、前側縁は淡黄色。鉗脚・歩脚は半透明で淡黄色。

　BL₃型 甲皮は前記のBL₁型およびBL₂型に全体に褐色がくわわる。甲皮の前域は暗赤褐色、後域は暗緑褐色か黄褐色。前側縁は淡黄色か淡赤紫色。鉗脚・歩脚は淡赤紫色か暗赤紫色。

RE型 甲皮の前域は黒褐色、後域は橙黄色か朱赤色または茶褐色。鉗脚・歩脚も同様な色彩である。

　RE₁型 甲皮の前域は黒褐色、後域は橙黄色か朱赤色、前側縁は朱赤色。鉗脚・歩脚は黄褐色か橙黄色または朱赤色。

　RE₂型 甲皮の前域は黒褐色、後域は茶褐色、前側縁は赤褐色か茶褐色。鉗脚・歩脚は茶褐色。

DA型 甲皮は全体が黒褐色か黒緑色または暗緑色。鉗脚・歩脚も同様な色彩である。

　DA₁型 甲皮は全体に黒褐色、前側縁は赤褐色か茶褐色。鉗脚・歩脚は茶褐色または紫褐色。

　DA₂型 甲皮は全体に緑褐色か茶褐色、前側縁は赤褐色か茶褐色。鉗脚・歩脚は緑褐色か紫褐色。

　DA₃型 甲皮は全体に暗紫色、前側縁は赤褐色か茶褐色。鉗脚・歩脚も同様に暗褐色。

サワガニの色について、これまでどんな色分けがされてきたのでしょうか。

一寸木氏は、甲皮（甲羅）の色と鉗脚や歩脚の色で《青系統・BL系》《赤系統・RE系》《暗色系統・DA系》の3系統に大別しています（前頁、*5）。以後のサワガニについての多くの調査研究には、この色分けが使われています。私たちもこの分け方を基本にすることにしました。

それにしても、「赤い」とはどんな色なのか、「青い」とは……？　これから川で出会うであろうサワガニはさまざまな色をしているでしょうから、その都度対応することにしました。まだ見ぬものへ対応すべく、色見本帖を用意して現地へ挑むことにしました。

どれくらいの大きさのサワガニを対象としたらいいのか？

川に行けばサワガニは、数mmくらいの仔ガニから20mmを超える大きさの親ガニまで見ることができます。サワガニは成体になるまでどのように大きさを変化させていくのでしょう？　また、成体になるまでどのくらい時間を要するのでしょう？

荒木・松浦氏（*1より要約）によると、ある個体群の甲幅を測定して、

　その年に生まれたと推定される仔ガニは、9月以降翌年の5月頃まで甲幅の平均値が4.6mm前後でほとんど変化しない。翌年の6月頃から大きくなり始め、次の仔ガニが生まれる8・9月には明らかに大きくなる。

　母ガニから離れた仔ガニは岸近くの湿った砂に潜りそのまま越冬し、雄も雌も翌年春から成長を始め、数回の脱皮を繰り返して、4年目ぐらいに成熟する。

と精密に分析しています。

もう少し、両氏の報告を要約して紹介します（*2）。

　二次性徴と甲幅との相対成長に不連続が認められる。つまりある時期の間に雄では左右どちらかの鉗脚（ハサミ）が急に大きくなり、雌では腹部（俗にふんどしと呼ばれている部分）の幅が広くなる。そのことから、稚仔期、若年期、成体期を分ける。雄の鉗脚が急成長を始めるのは甲幅が11.90〜14.10mmの時期、その急成長が止まるのは17.85〜21.55mmの時期である。また、雌の腹部が急成長を始めるのは12.45〜16.20mmで、止まるのは18.45〜21.75mmである。この間が若年期で、それ以前が稚仔期、以降が成体期である。

　生殖器官の成熟度が急上昇する時期の甲幅の最小値である雄17.65mm、雌18.95mmという値は、鉗脚と腹部の急成長が止まる時期の甲幅の最小値とほぼ一致している。腹部に卵を抱えている雌の最小甲幅18.95mmも、この値とほぼ一致する。以上のことから、雄雌とも3歳で成熟発達を開始し、4歳で成体になる。

こうしたことを踏まえ、私たちは、甲幅と年齢の関係はおよそ次のようになると想定しました。

サワガニの甲幅と年齢の関係

齢	0	1	2	3	4～
期	稚仔期	稚仔期	若年期	若年期	成体期
雄	4.7	7～12	12.5～16	15～20	19～
雌	4.6	7～11	11～14	16～20	20～

齢と甲幅（mm）（荒木・松浦 1995a により作成）

この想定をもとに、
・色を判別するサワガニの大きさは甲幅を基準とする
・甲幅が15mm（3歳）以上の個体を調査対象とする
と決めました。

0歳（甲幅 5mm ±）：稚仔期

1歳（甲幅 7.0mm）：稚仔期

1歳（甲幅 9.5mm）：稚仔期

2歳（甲幅 12.5mm）：若年期

3歳（甲幅 17.1mm）：若年期

調査項目を決め、記入用紙を作る

基準となる色、大きさが決まると、記録を取るため一応の調査項目を決めました。項目は調査の進展にともない、必要に応じて変更したり加えたりしました。

色：目視とデジタルカメラにより撮影
大きさ：甲羅の最大幅をノギスで測定（精度 0.1mm）
　　　　後に、甲羅の長さも同様に測定
歩脚の毛：後に、目視により毛の長さを4段階に分けて記録
採集個体数：10個体以上を目標とする。統計をとるためには20〜30個体はほしいが、これは大変かもしれないので、最低10個体を目標とする

甲幅をノギスで測る

特別な目的がないかぎり、必要なデータを得たあと、サワガニはもとの川へ逃がす。

サワガニ調査票

河川名		支川名		地点名		地図No.	
調査日付	時間	天候	気温	水温		担当者名：	

個体No.	性別	大きさ(mm) 甲幅	甲長	色彩 甲	脚	メモ	歩脚毛	その他のメモ
1								
2								
3								
4								
5								

現在の調査用紙

こうして、サワガニの色を判断する基準と、大きさの基準を決め、いよいよ調査用紙を持って仁淀川に入ることになりました。

4、"青色"の衝撃

仁淀川の調査が始まる

　仁淀川にはどんな色のサワガニがいるのだろう？　きっと梅雨の時にサワガニが多く見られるはずだと、7月から調査を始めることに決めました。

　私たちは期待と不安の中で2011年7月2日、仁淀川の支流で下流部の勝賀瀬川に入りました。勝賀瀬川の込谷、郷谷、土居谷、北谷の4つの谷筋や道路の測溝で39個体（雄24、雌15）見つけることができ、わりと簡単に見つけられるものだと思いました。

　結果は、いつも見慣れている赤いサワガニばかりでした。調査票に雄雌、甲羅の大きさ、色、特徴等を記入し、場所地点の位置を確認しました。

いきなり"青"の衝撃が走る

　次に、仁淀川の支流で一番大きな川・上八川川を調査することにし、その上流部の程野に入りました。

　程野は上八川川支流の枝川川にあたり、滝や断崖がある景勝地です。アメゴ釣りに行くことはあってもサワガニを探したことは一度もありません。さっそく、よいしょと小さな谷筋の石をはぐりました。なんと、真っ青なサワガニがいるではありませんか。それは、甲幅25ミリほどの個体でしたが、「なんときれいなスカイブルー、手の平ほどの大きさに感じる宝石が水の中に」と思いました。

　他の石をはぐりました。また青いサワガニです。見れば見るほどきれいです。測定して水の中に戻

程野で出会った青いサワガニ

すと、色がより鮮明になります。結局、小さな谷に青いサワガニ11匹と茶色のサワガニ5匹を見つけました。

「いったいどうなっているんだろう？」。メンバーの殆どが先入観のように「サワガニは赤い」と思っていたこともあり、初めて見る青いサワガニに驚き、その美しい青色に私たちは感激しました。

上八川川だけに青いサワガニがいるのだろうか？　もしかしたら、この下流の川にもいるかもしれない。そう思うと一気に興味が高まりました。すぐに、下流の清水の伊守川川を調べました。すると、また青いサワガニ2匹を見つけました。

どこまで青いサワガニが生息しているのだろう？　青いサワガニの出現で、当初、調査は月1回と決めていたのですが、そんな悠長なことを言っていられなくなりました。

予定を合わせながら、上八川川の源流域の小申田(こさるだ)の谷を調査しました。ここには、青、黒紫色のサワガニだけでなく、赤いサワガニもいました。

その下の古江の谷には、青、赤、紫茶色のサワガニがいました。

小川川の柳野で赤と茶のサワガニを採集した際、地域の人に「青いサワガニを見たことがある」との情報を得ました。

仁淀川の本流に近い下流部の打木の谷に調査に入ると、ここは赤いサワガニばかりで、青いサワガニは見つかりませんでした。

支流の9地点を調べた結果、上八川川にはいろんな色のサワガニがいることがわかりました。

なぜ上八川川にはいろんな色のサワガニがいるのだろう？　仁淀川の他の支流はどうなっているのだろう？

「なぜ？　他の支流は？」。そんな興奮にも似た気持ちに引っ張られるように、調査地域はいの町を越えて仁淀川町へ、そして高知県を越えて愛媛県側を含め仁淀川全域に広がり、支流の土居川、中津川、長者川、黒川、久万川、面河川へさかのぼっていくことになります。

7月14日、土居川の支流・大野椿山(つばやま)川へ行くため椿山集落へ入りました。高知県では最後まで焼畑が残っていた「限界集落」として有名な地域で関心がありましたが、こんな形で訪れることになるとは思ってもみませんでした。ここは三波川(さんばがわ)変成帯なので青いサワガニがいるのではと期待していましたが、その通りいました。

中津川で見つけた赤いサワガニ

中津川の津江谷川では、ワインレッドのサワガニを初めて見ました。これまでの赤色とは違うので、RE2 に分類しました。

21 日、とうとう愛媛県に入り、黒川の支流・地芳川、高野川へ。小田深山(おだみやま)では、これまで見たことのない黄土色のサワガニがいて、「愛媛のサワガニは違う」と驚きました。暗色系統の DA1 へ入れました。

小田深山で見つけた黄土色のサワガニ

翌日の面河川では、上流部の峰(みね)で青いサワガニを見つけました。この青色と古江で見た青色が違うような気がして、もう一度、古江に行ってみました。ここで、前回とは違ういろんな色の青いサワガニに出会うことになりました。大変悩まされつつ、程野の甲羅全体が鮮やかな青を BL1、峰や古江の甲羅全体がくすんだ青を BL2、甲羅の前域が青っぽく、後域が白いのを BL3、としたらどうだろうかと話し合いました。この青系統 BL 型の共通点は、附属肢がすべて白いことです。

これまで調査で、7 種類の色の違うサワガニを見つけることになりましたが、これほどいろんな色があるとは思ってもみませんでした。上八川川では上流から、青、茶、紫、赤と色が変化してきたのですが、どこを境に赤色だけの分布になるのか知りたくなり、24 日は、鷹羽ケ森の北の打木(うつぎ)の谷に入りました。ここでは、青いサワガニを見つけることはできず、すべてが赤色で、ここが境であることがわかりました。

まだ久万川に調査に入っていないことがわかり、1 人が出かけ、すべて茶色のサワガニであることを確認しました。

こうして 8 月 1 日にかけて仁淀川 14 支流の 31 地点で調査を行い、313 個体（雄 185、雌 128）を採集しました。

振り返れば、1 か月も経たない短期間のうちに、仁淀川をかけ上がったことになります。集中した調査ではありましたが、短かったからこそ脳裏に色のイメージが焼きついていて、色の分類には大いに役立ちました

そして私たちは、仁淀川という 1 つの河川のサワガニの分布図を作るところまで到達したのです。（次頁図）

5、青いサワガニは茹でも赤くならない？

カニは茹でたら赤くなるはず

　仁淀川調査中のことでした。私たちがサワガニの色を調べていることを言うと、いの町越裏門(えりもん)の岡林氏は突然、「青いサワガニは茹でても赤くならんぜよ」と意外なことを言いました。

　そんなはずはない。カニやエビは茹でたらみんな赤くなるはずです。次の調査で、青いサワガニがいたら茹でてみようと思いました。

　2011年7月14日、土居川の支流・大野椿山川の調査の際、百川内(ももがわうち)で青いBL1型を捕まえ、さっそく試してみました。するとどうでしょう、お湯の温度を「まだかまだか」とどんどん上げていくのですが、生きていた時の青色のままで変わりません。驚きました。岡林氏の話は本当でした。

　こうなると、他の色のカニも茹でるとどうなるか、が気になります。仁淀川の調査がほぼ終わろうとしていた7月26日、青系統、赤系統、暗色系統すべての色のサワガニがいる上八川川と、中津川と黒川の3か所にメンバー3人で入り、茹でて確かめることをしました。

茹でる実験　（上八川川・古江にて）

青系統は赤くならない

青系統のサワガニをタイプ別に茹でてみました。

　　　　　　　茹でる前　　　　　　　　　　茹でた後

BL1 （土居川・百川内）

BL2 （上八川川・小申田）

BL3 （上八川川・小申田）

　青いBL1型とBL2型、脚が少し白いBL3型を茹でましたが、どれも赤くなりませんでした。

赤系統は赤くなる

赤いRE1型を茹でてみました。

　　　　　　　　　　茹でる前　　　　　　　　　　　　　茹でた後

RE1　（上八川川・古江）

RE1　（上八川川・打木）

RE1　（中津川・津江）

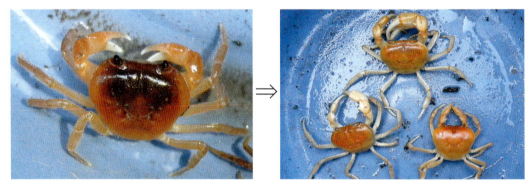

　赤系統の3匹とも赤くなりました。打木のRE1型は古江よりも赤があざやかで濃いものでしたが、茹でても赤色が濃く出ました。

暗色系統は赤くなる

茶色で脚がもんもんのDA1型と、黒紫色のDA2型を茹でてみました。

　　　　　茹でる前　　　　　　　　　　茹でた後

DA1　（上八川川・小申田）

DA1　（黒川・高野）

DA2　（逆川川・植田）

　後日になりますが、物部川の支流・逆川川植田で、これまで見たことのない黒紫色をしたDA2型がいたので茹でてみました。いずれも赤くなりました。

この他にも、いろんな場所で事あるごとに確認のため茹でてみました。多少の色の濃さはありましたが、やはり青いサワガニ、特に BL1、BL2 型については赤くなりませんでした。

青いサワガニの色の謎

どうして青いサワガニは茹でても赤くならないのだろうか？　理由というか、仕組みのようなものを求めて探し回り、一つの論文を見つけました。

鈴木・津田氏は、鹿児島県内河川のサワガニについて、以下のような分析をしています（*9 より要約）。

青色型（BLUE）と茶色型の一部（BROWN 4）では、アスタキサンチンモノエステルおよびアスタキサンチンジエステルの含有量が極めて少ないか検出されない（0.00 ～ 0.97）。赤色型（RED）と茶色型の一部（BROWN 1）では、両アスタキサンチンが認められる（1.80 ～ 10.90）。また、β－カロテンの含有量は、青色型 （BLUE）と茶色型の一部（BROWN 4）（1.90 ～ 4.94）が、赤色型（RED）と茶色型の一部（BROWN 1）（0.47 ～ 1.49）より多い。

この報告では青色型（BLUE）、赤色型（RED）、茶色型（BROWN）との呼称を使っており、その記述から、私たちが分類している青系統（BL）、赤系統（RE）、暗色系統（DA）に相当すると考えられます。また、この報告で茶色型の一部（BROWN 4）としているのは青系統の若い個体ではないかと、想像しています。

サワガニなどカニ類の躰の中で、アスタキサンチンはタンパク質と結合してカロテノプロテインという物質として存在します。この物質は加熱されると分解されアスタキサンチンが遊離し赤い色を発色し、カロテノプロテインが体内になければ加熱してもこの変化が起きず赤くなりません。

つまり上記の分析からすると、青色型（青系統）では、食餌から取り込まれたβ－カロテンからアスタキサンチンへの体内合成ができないか、あるいは不十分であろうと想像されます。そして、体内合成に違いがあるのなら、それには核 DNA がかかわっているはずです。

6、仮説が崩れ、謎が深まる

立てられた仮説

仁淀川のサワガニの色の分布図から、もしかしたら青いサワガニは標高の高い、つまり水温の低い場所に生息していて、水温の変化で色が変化するのではないかと考えました。しかし地図を眺めていると、確かに青いサワガニは標高400〜600mほどに位置する上八川川の程野、土居川の安居・椿山、面河川の峰などにいましたが、もっと標高が高い黒川の地芳川では青いサワガニを見つけることができませんでした。

視点を変えて地質的な目で見てみると、青いサワガニはほぼ御荷鉾構造線より北の三波川変成帯に点在していることがわかります。地芳川は標高が高くても三波川変成帯ではなく、秩父帯に属します。見れば見るほど地層に沿って「青」と「赤」と色が見事に分かれているではないか！ 「青いサワガニは三波川変成帯から北にいるのに違いない」、そう強く思いました。

高知県で三波川変成帯を流れている川というと、いの町に源流をもつ吉野川です。吉野川にはどんな色のサワガニがいるのだろう？ 「青いサワガニがいるのではないか」。確かめずにいられなくなり、吉野川全域を調査することにしました。

2011年10月3日から26日にかけて吉野川の19支流の37地点において、447個体（雄121、雌326）を採集しました。初日は、本川の新大森トンネル近くの大森川の谷に行きました。水が冷たく、こんな水温でサワガニはいるのかと石をはぐると、いました。青いサワガニです。全域を調査した結果、吉野川流域では上流から下流域まで、青系統と暗色系統がほぼ混在して生息していました。しかし、赤色のサワガニを見つけることはできませんでした。

仁淀川と吉野川の2河川の調査で、青系統のサワガニは変成岩の三波川変成帯に、赤系統のサワガニはチャート、石灰岩、緑色岩、砂岩、泥岩などの秩父帯に生息していることが判明しました。ますます、色と地質に何か関係がある、という思いを強くしました。

ここまで来れば、四万十川も調査するしかありません。四万十川は源流域の不入山、四万川が一部秩父帯に入りますが、大部分が砂岩、泥岩の四万十帯を流れています。と

いうことは、青系統ではなく、赤系統のサワガニが生息しているだろう、と仮説を立てました。

　この予想を持って、10月31日から11月21日にかけて四万十川本流と8支流の27地点において、437個体（雄127、雌310）を採集しました。結果は、思い通り赤系統のサワガニで占められました。ただ、梼原川の初瀬と広見川の野々谷で、いないであろうと思っていた青いサワガニを数匹見つけました。

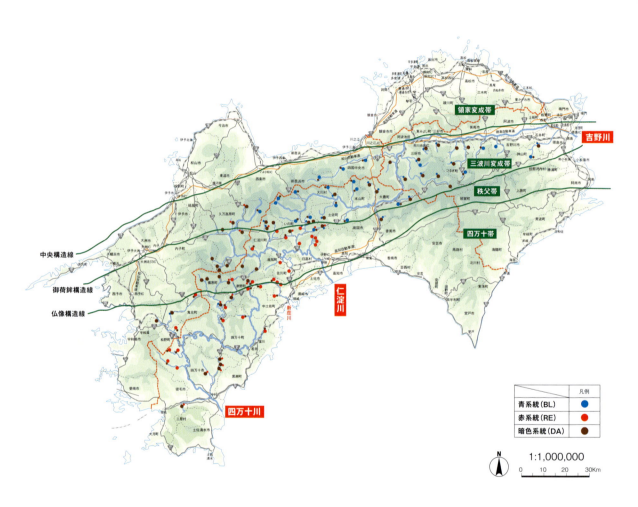

　まとめてみると、仁淀川、吉野川、四万十川の調査で、青系統のサワガニは三波川変成帯に集中しており、秩父・四万十帯には赤系統が主に生息していること、また暗色系統は両方に生息していることが判明しました。

　吉野川には青系統と暗色系統、四万十川には赤系統と暗色系統、仁淀川には青系統と赤系統と暗色系統、全色いました。他の川を知ることで、仁淀川が特異だったことが初めてわかったということは貴重な経験でした。

物部川には何色のサワガニがいるのだろうか？

　なぜ水系によってサワガニの色はこんなに違うんだろう？　なぜ地質帯によって色が違うのだろう？　サワガニの色と地質の関係の謎を秘めたまま、2年近い「仁淀川探検記」の活動の報告会を2012年11月に行いました。

　報告会の内容は、仁淀川の風景写真、仁淀川・吉野川・四万十川のサワガニ分布図、生きたサワガニの展示、水生昆虫の標本、仁淀川の石の標本などの展示をし、また最終日には講演会を開きました。講演会のパネラーに高知大学農学部の関伸吾教授を迎え、「サワガニの色はどうしてちがうの」と題した話を聞くことができました。

　その際に、関氏から物部川上流のアカザと徳島県の吉野川のアカザの遺伝子が非常に似ている、物部川と吉野川は大昔つながっていたかもしれない、との話を聞きました。

　この時すでに、吉野川は調査済みで青系統の河川であると分かっていました。もし吉野川と物部川がつながっていたとすると、物部川には青いサワガニがいるのだろうか？　そんな考えが頭をよぎりましたが、サワガニの色別分布図をじっくり見れば、御荷鉾構造線を境にして北に青系統が、南に赤系統と暗色系統がいることが一目瞭然です。体色の違いは地質によるものではないかという仮説からすると、物部川は秩父帯と四万十帯に属しているので青ではなく赤いサワガニが生息しているはずだ、と予想しました。

　この予想が当たれば、サワガニの色と地質に関係があるという可能性が高くなります。すぐにでも物部川の調査に入りたいという思いに駆られましたが、冬なので暖かくなる来年の3月まで待つしかありません。いったい物部川のサワガニは私たちに何を語ってくれるのだろう、とワクワクする気持ちで年を越しました。

物部川には赤いサワガニがいるはず

　2013年に入り、待ちに待った春が来ました。物部川には赤いサワガニがいるはずとの期待を持って、3月20日、4月1日、20日と、13支流に入りました。

　ところが、早々に仮説が崩れることになりました。青いサワガニがいたのです。3日間で197個体（雄77、雌120）を採集したのですが、青いサワガニと暗色系統のサワガニで占められ、赤系統はまったく認めることさえできませんでした。

　こんなはずはない。今まで三波川変成帯にしかいなかった青いサワガニが秩父帯・四万十帯の物部川にはいる！　とても信じ難いことで、簡単に結果を受け入れることはできません。物部川のさらに東、四万十帯を流れる奈半利川はどっちの色のサワガニがいるのだろうか、解明せずにはいられません。

5月4日、奈半利川支流の3地点において調査を行い、青系統が29匹、暗色系統が10匹で、期待した赤いサワガニは影さえ見られません。物部川とよく似た生息状況でした。

とうとう仮想した、色別生息は地質帯に関係があるという考えを捨てるしかなくなりました。では、いったいサワガニの色が川ごとに違う理由はなんなのだろう？　答えが混とんとしてきました。

どこが青と赤の境なのだろうか？

これまでの調査で、南北は国道439号をほぼ境に、北側に青いサワガニ、南側に赤いサワガニ、ということがわかっています。今回、物部川と奈半利川には赤系統のサワガニが見つかりませんでした。赤いサワガニがいた仁淀川と青いサワガニがいた物部川の間には、鏡川と国分川があります。ということは、この挟まれた2河川を調べれば、青いサワガニと赤いサワガニの東西の境が特定できるかもしれません。

「東西の境はどこだろう？」。そう思うと居ても立ってもいられず、5月11日、12日に国分川7支流の9地点において調査を行いました。121個体（雄40、雌81）を採集し、結果は赤いサワガニが半分以上を占め、青いサワガニは上流部に2割程度で生息していました。

続いて5月19日、29日、31日にかけて鏡川本流と10支流の14地点において調査を行い、250個体（雄121、雌129）を採集しました。国分川同様、赤いサワガニが大半で、青いサワガニが上流部に1割程度生息していました。

これにより、鏡川、国分川は仁淀川同様に赤系統の河川であるが、上流の一部に青いサワガニがいることがほぼ確認できました。

サワガニの色を高知県全体で見てみたい？

青いサワガニと赤いサワガニの南北と東西の境が見えてきました。すると、高知県全体ではどうなっているのだろう？という興味が頭をもたげてきました。

2013年6月14日、これまでの調査目的を「高知県全体のサワガニの色別分布図を作成する」へ変更しました。そのため調査対象を高知県の主な14河川に広げ、新たに安芸川、伊尾木川、安田川、野根川、新荘川、松田川、下ノ加江川を調査することにしました。

まず6月19日、29日、奈半利川へ追加調査に入り、7地点において70個体（雄42、雌28）を採集しました。やはり赤いサワガニは見つかりませんでした。

7月6日、10日、安田川7支流の7地点において64個体（雄35、雌29）、7月13日、安芸川4支流の4地点において39個体（雄15、雌24）を採集しました。2河川とも梅雨時だったせいか増水していて水量が多く、また山が崩れ荒れていたり谷がコンクリート

の三面張りになっていたりでサワガニがすめる環境が少なく、採集を断念して引き返すこともあり、採集できてもやっと 8 匹だけなど、苦しい体験もしました。赤いサワガニは見つけることはできず、いたのはほとんど茶の小さいサワガニばかりでした。危険なところには暗色系が多いのだろうか？ すむ条件が悪い所には青いサワガニは少ない印象でした。

7 月 24 日、伊尾木川本流と 2 支流の 7 地点において 78 個体（雄 37、雌 41）を採集。伊尾木川は安芸川と河口が 500 m と近く、兄弟川のように言われていて、ここも青系統の川でした。体長 25 mm クラスが最大で、サワガニが小ぶりです。

次に、西部の 3 河川を調査しました。

8 月 7 日、新荘川 5 支流の 5 地点において 67 個体（雄 41、雌 26）を採集。新荘川と言えばニホンカワウソが最後に発見された川として有名です。青いサワガニはいないだろうとの予想通り、赤系統の河川でした。ここで、赤いサワガニが卵を抱えたのを見ることができました。「なんときれいな色をしているのだろう！」と大感激。ひょっとすると青いサワガニの卵は青いのだろうか、見てみたいものだと思いました。

8 月 10 日、松田川 5 支流の 5 地点において 78 個体（雄 27、雌 51）を採集。採集した雌 51 匹のうち 11 匹が卵を抱え、3 匹が仔ガニを抱えていました。8 月、連日 35 度を超す気温ですが、この時期あたりが産卵の時期なのでしょう。卵を抱えたサワガニたちは、水の中ではなく陸地の石の下の涼しげな場所にいるように感じました。仔ガニが流されないよう、安全な陸地に身を隠しているのかもしれません。

8 月 14 日、下ノ加江川本流と 4 支流の 5 地点へ、松田川同様、きれいな卵を抱えたサワガニが見られるとワクワクした気持ちで調査に向かいました。結果、86 個体（雄 31、雌 55）を採集しました。赤系統と暗色系統のサワガニが卵や仔ガニを抱えていました。仔ガニを抱えたサワガニが多くいて、赤系統も暗色系統も 7 月中旬から 8 月上旬が主な産卵時期で、8 月中旬から仔ガニがかえる時期ではないかと思いました。ここでは、ワインレッドのサワガニに、そしてオレンジ色のサワガニにも出会いました。

最後に東に戻り 8 月 17 日、18 日、野根川本流と 4 支流の 6 地点において 100 個体（雄 52、雌 48）を採集しました。ここは青系統の川なので、卵を持った青いサワガニをぜひ見つけたい気持ちででした。期待通り卵を抱いたサワガニはたくさんいたのですが、卵は仔ガニが孵化する寸前で色はくすんでいて、残念ながらきれいな青いサワガニの卵に遭遇することはできませんでした。それにしても、青いサワガニの仔ガニが見つからないのが不思議です。

こうして、2013 年 8 月には高知県の 14 河川の調査を終えました。この時点で、高知県の東部は青系統のサワガニが、西部には赤系統のサワガニが、暗色系統は両方に生息していることがわかりました。

足摺半島だけに青いサワガニの謎

足摺・白皇山の青いサワガニ

　高知県14河川の調査を終え、ほっとした11月、足摺・白皇山にヤッコソウを見に行った際に谷の石をはぐったところ、青いサワガニが出てきました。他にいないか探すと、4匹の青いサワガニを見つけました。てっきり高知県西部は赤系統のサワガニが生息していると思い込んでいたので、大変驚きました。
　こうなると、足摺周辺の河川が気になります。2013年11月20日と翌年3月26日、29日、30日に足摺半島と土佐清水市、宿毛市の西部、大月町の8河川13地点において追加調査を行い、147個体（雄69、雌78）を採集しました。
　結果、足摺半島は青いサワガニだけが、土佐清水市の加久見川と益野川では青、赤、暗色のサワガニが混在していました。土佐清水市の益野川から以西の宿毛市、大月町の河川においては青いサワガニは見つけられませんでした。
　この結果を加えて、高知県全体の色別分布図ができあがりました。
　高知県下の青いサワガニの分布は、物部川より東部と足摺半島周辺部ということになります。どうして足摺半島だけに青いサワガニがいるのでしょうか？　物部川より東の青いサワガニと足摺の青いサワガニは同一のルーツを持っているのでしょうか？　またまた疑問が起きました。

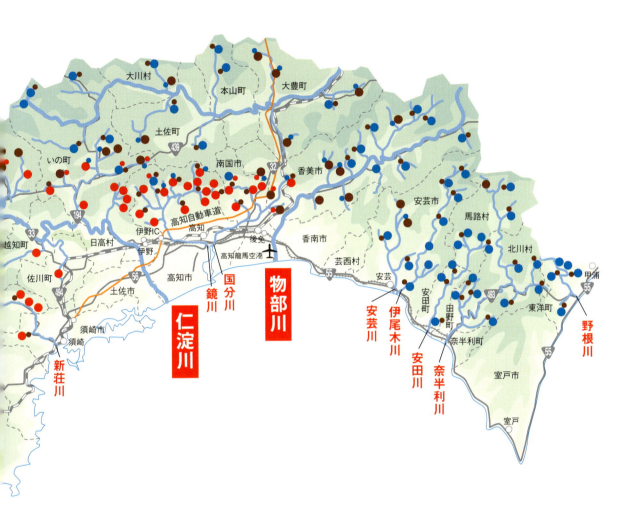

高知県のサワガニの色別分布図

一番多く見つかった色を大きく、それ以下だったものは小さく描いた。
例: 🔵🔴🟤 は🔵のサワガニがたくさん見つかり、🔴🟤はそれ以下だったことを示す。

	凡例
青系統（BL）	🔵
赤系統（RE）	🔴
暗色系統（DA）	🟤

35

高知県の各流域における採集個体数とその体色

	流域	雄	雌	BL			RE		DA		計
				BL1	BL2	BL3	RE1	RE2	DA1	DA2	
1	野根川	52	48	10	42	43			5		100
2	奈半利川	59	50	34	27	11			37		109
3	安田川	35	29	15	15	22			12		64
4	伊尾木川	37	41	8	20	34			16		78
5	安芸川	15	24	2	6	10			18	3	39
6	物部川	77	120	17	28	60			91	1	197
7	国分川	40	81	8	6	6	68		19	14	121
8	鏡川	121	129	5	2	8	190		44	1	250
9	仁淀川	185	128	16	16	2	138	7	95	39	313
10	新荘川	41	26				56		11		67
11	四万十川	127	310	2	3		254		146	32	437
12	下ノ加江川	31	55				20	13	46	7	86
13	浦尻川	4	5		6	3					9
14	窪津谷	3		1	1	1					3
15	加久見川	6	3	2		4	2		1		9
16	益野川	9	18	1	1		15		10		27
17	宗呂川	13	19				18	2	12		32
18	貝ノ川川	16	8				7	8	9		24
19	頭集川	9	7					13	3		16
20	福良川	9	18					14	13		27
21	松田川	27	51				15		48	15	78
	合計	916	1170	121	173	204	783	57	636	112	2086

※吉野川での採集個体数とその体色は 51・52 頁

野根川の各採集地における採集個体数とその体色

調査地点	流域	地点	雄	雌	BL			RE		DA		計
					BL1	BL2	BL3	RE1	RE2	DA1	DA2	
1	別役川	別役林道	14	15	3	14	10			2		29
2	大斗谷川	大斗	14	6	3	7	8			2		20
3	日曽谷川	川口	8	7	2	8	4			1		15
4	野根川	船津キャンプ地	4	6		5	5					10
5	真砂瀬谷	魚場入口17の谷	7	7		5	9					14
6		真砂瀬橋	5	7	2	3	7					12
合　計			52	48	10	42	43			5		100

奈半利川の各採集地における採集個体数とその体色

調査地点	流域	地点	雄	雌	BL			RE		DA		計
					BL1	BL2	BL3	RE1	RE2	DA1	DA2	
1	野川川	上杉	6	5		8				3		11
2	西谷川	影坂	8	7	8	4	1			2		15
3	宗ノ上川	宗ノ上	3	10	3	2	3			5		13
4	月谷川	月谷	5	4	4	1				4		9
5	蛇谷川	大山祇神社	11	4	4	3				8		15
6	小川川	菅ノ上	4	6	4	1				5		10
7	矢筈川	矢筈	14	7	11	4				6		21
8	東川	東川	5	5		4	5			1		10
9	中川	中川林道	3	1			2			2		4
10	西川	千本山登山口		1						1		1
合　計			59	50	34	27	11			37		109

安田川の各採集地における採集個体数とその体色

調査地点	流域	地点	雄	雌	BL			RE		DA		計
					BL1	BL2	BL3	RE1	RE2	DA1	DA2	
1	横谷川	井ノ岡	7	10	5	3	4			5		17
2	中の川川	中の川	8	2	2	4	3			1		10
3	小川川	中村	4	4	2	1	2			3		8
4	東川川	新久保トンネル	7	4	3	1	6			1		11
5	一ノ谷川	日浦	5	5	1	5	2			2		10
6	北路谷川	北路	1	3	1	1	2					4
7	中ノ川川	中ノ川	3	1	1		3					4
合　計			35	29	15	15	22			12		64

伊尾木川の各採集地における採集個体数とその体色

調査地点	流域	地点	雄	雌	BL			RE		DA		計
					BL1	BL2	BL3	RE1	RE2	DA1	DA2	
1	小谷川	大磯	7	7	3	4	7					14
2	伊尾木川	東ノ岡	3	9		4	4			4		12
3		黒瀬	13	4	3	3	11					17
4		古井	4	6		1	4			5		10
5	横荒川	横荒林道	4	6	1	4	4			1		10
6	伊尾木川	杉ノ峰	1	4	1	2				2		5
7		川成	5	5		2	4			4		10
合　計			37	41	8	20	34			16		78

安芸川の各採集地における採集個体数とその体色

調査地点	流域	地点	雄	雌	BL			RE		DA		計
					BL1	BL2	BL3	RE1	RE2	DA1	DA2	
1	江川川	堂ノ尾	5	4	1	2	1			5		9
2	尾川川	下尾川	4	8		2	2			5	3	12
3	張川	寺内	5	6	1	2	7			1		11
4	畑山川	畑山	1	6						7		7
合　計			15	24	2	6	10			18	3	39

物部川の各採集地における採集個体数とその体色

調査地点	流域	地点	雄	雌	BL			RE		DA		計
					BL1	BL2	BL3	RE1	RE2	DA1	DA2	
1	萩野川	岩改	5	15						20		20
2	西川川	佐敷	8	6	1	2	3			8		14
3	舞川	仁尾ケ谷	2	8			10					10
4	川の内川	大日浦谷	8	12			7			12	1	20
5	横谷川	白尾	8	7	2		1			12		15
6	久保川	大屋敷	6	9		4	6			5		15
7	日比原川	大久保	3	12	1	5	8			1		15
8	楮佐古川	川ノ内	6	12	4	6	7			1		18
9	笹川	土居番	3	6	2	1				6		9
10	安野尾川	久保安野尾	5	8	1	4	2			6		13
11	井地谷川	久保影	6	4	2	1	3			4		10
12	則友川	則友	9	11	1	4	7			8		20
13	杉熊川	行者	8	10	3	1	6			8		18
合　計			77	120	17	28	60			91	1	197

国分川の各採集地における採集個体数とその体色

調査地点	流域	地点	雄	雌	BL			RE		DA		計
					BL1	BL2	BL3	RE1	RE2	DA1	DA2	
1	奈呂川	奈呂	6	14				17		3		20
2	領石川	中谷	4	11				14		1		15
3		遠郷	2	10	4	4	2	2				12
4	外山川	亀岩	3	8				11				11
5		外山	2	9	1	1	3	6				11
6	大法寺川	大法寺	7	8				2		3	10	15
7	尼ケ瀬川	平山	5	9	3	1		5		4	1	14
8	新改川	若宮	5	5			1	4		3	2	10
9	笠ノ川	下八京	6	7				7		5	1	13
合　計			40	81	8	6	6	68		19	14	121

鏡川の各採集地における採集個体数とその体色

調査地点	流域	地点	雄	雌	BL			RE		DA		計
					BL1	BL2	BL3	RE1	RE2	DA1	DA2	
1	行川川	行川	3	8				11				11
2	梅ノ木川	増原	7	8				13		2		15
3	的淵川	平家の滝	3	10				11		2		13
4	吉原川	出口	8	7		1	7	5		2		15
5	東川川	東川神社	14	8		1		2		18	1	22
6	網川川	百合	11	19				20		10		30
7	桑尾川	梅ノ木	18	13				31				31
8	穴川川	サコ屋敷	9	11			1	16		3		20
9	鏡川	菖蒲洞	10	11				21				21
10		程ノ窪	15	9				24				24
11	高川川	陰山	5	9				10		4		14
12		城	11	5	5			8		3		16
13	重倉川	七ツ淵	2	6				8				8
14	鏡川	蟹越	5	5				10				10
合　計			121	129	5	2	8	190		44	1	250

仁淀川の各採集地における採集個体数とその体色

調査地点	流域	地点	雄	雌	BL			RE		DA		計
					BL1	BL2	BL3	RE1	RE2	DA1	DA2	
1	勝賀瀬川	込谷	5	5				10				10
2		郷谷	9	3				12				12
3		土居谷	3	3				6				6
4		北谷	7	4				11				11
小計			24	15				39				39
5	上八川川	程野	10	6	11					1	4	16
6		清水	1	4	2					3		5
7		川窪	3	1						4		4
8		川口	2	1			1			2		3
9		打木	5	6				11				11
10		小申田	12	4	1	4		2			9	16
11		古江	7	6		7		5			1	13
12		樅ノ木山	4	1				2		3	1	6
13		柳野	9	7				13		2		15
小計			53	36	14	11	1	33		15	15	89
14	土居川	安居		1							1	1
15		成川	12	10				22				22
16		椿山	5	3	2					6		8
17		大西	6	1			1	3		3		7
小計			23	15	2		1	25		9	1	38
18	長者川	織合	1	4						2	3	5
小計			1	4						2	3	5
19	中津川	津江	5	3					7	1		8
小計			5	3					7	1		8
20	黒川	高野	3	6						9		9
21		西谷	7	3						10		10
22		中久保	1	5						3	3	6
23		小田深山	2	5						5	2	7
小計			13	19						27	5	32
24	直瀬川	竹谷	5	5				2		8		10
25	東川川	東川	10	2				1		11		12
26	割石川	鼓ケ滝	6	5				1		10		11
27	面河川	峰	5	3		5				3		8
小計			26	15		5		4		32		41
28	柳瀬川	小奥	11	7				18				18
小計			11	7				18				18
29	坂折川	大樽の滝	10	9				19				19
小計			10	9				19				19
30	岩屋川	都	12	5						2	15	17
小計			12	5						2	15	17
31	久万川	中通	7							7		7
小計			7							7		7
合　計			185	128	16	16	2	138	7	95	39	313

新荘川の各採集地における採集個体数とその体色

調査地点	流域	地点	雄	雌	BL			RE		DA		計
					BL1	BL2	BL3	RE1	RE2	DA1	DA2	
1	依包川	依包	7	3				9		1		10
2	三間ノ川川	新土居	5	7				12				12
3	貝ノ川川	貝ノ川	4	2				6				6
4	黒川川	大野	17	12				21		8		29
5	竹ノ谷川	竹ノ谷	8	2				8		2		10
合　計			41	26				56		11		67

四万十川の各採集地における採集個体数とその体色

調査地点	流域	地点	雄	雌	BL			RE		DA		計
					BL1	BL2	BL3	RE1	RE2	DA1	DA2	
1	四万十川	船戸	4	14				14		1	3	18
2		源流点	4	12				4		6	6	16
3		桑ケ市	4	12				9		7		16
小計			12	38				27		14	9	50
4	梼原川	長沢	2	13				4		4	7	15
5		上横貝	3	9				1		2	9	12
6		永野	5	9						14		14
7		中の川	7	9						14	2	16
8		文丸	3	8						11		11
9		初瀬橋	1	24	2	2		8		13		25
10		中平（北川）	17	10				18		9		27
11		中津川	9	8				16		1		17
14		番城（北川）	6	9				6		6	3	15
小計			53	99	2	2		53		74	21	152
12	仁井田川	六反地	3	9				11		1		12
小計			3	9				11		1		12
13	松葉川	米奥校下	5	18				21		2		23
小計			5	18				21		2		23
15	中筋川	平田	3	14				16		1		17
小計			3	14				16		1		17
16	後川	下古尾	8	14				22				22
17		大用	5	15				17		3		20
18		住次郎	4	11				14		1		15
19		蕨谷		12				10		2		12
小計			17	52				63		6		69
20	黒尊川	奥屋内	4	11				10		5		15
21		玖木	2	10				12				12
小計			6	21				22		5		27
22	目黒川	下タケ	6	12				11		7		18
23		大宮	5	8				9		3	1	13
小計			11	20				20		10	1	31
24	広見川	野々谷	2	12		1				13		14
25		奥内	4	10				13		1		14
26		近永（三間川）	6	8						13	1	14
27		日向谷	5	9				8		6		14
小計			17	39		1		21		33	1	56
合　計			127	310	2	3		254		146	32	437

41

下ノ加江川の各採集地における採集個体数とその体色

調査地点	流域	地点	雄	雌	BL			RE		DA		計
					BL1	BL2	BL3	RE1	RE2	DA1	DA2	
1	市野瀬川	市野瀬橋	6	4				6		4		10
2	市野々川	市野々橋の上	8	17				3	1	18	3	25
3	下ノ加江川	三原キャンプ場	10	5				7	2	6		15
4	皆尾川	おおもり橋	4	20				4	4	16		24
5	長谷川	狼内橋	3	9					6	2	4	12
合　計			31	55				20	13	46	7	86

足摺周辺の各採集地における採集個体数とその体色

調査地点	流域	地点	雄	雌	BL			RE		DA		計
					BL1	BL2	BL3	RE1	RE2	DA1	DA2	
1	浦尻川	浦尻	4	5		6	3					9
	小計		4	5		6	3					9
2	窪津谷	窪津	3		1	1	1					3
	小計		3		1	1	1					3
3	益野川支	中益野	4	2	1	1		3		1		6
4	益野川	上野	4	6				2		8		10
5		高畑	1	10				10		1		11
	小計		9	18	1	1		15		10		27
6	宗呂川	長瀬	6	9				10		5		15
7		珠々玉	7	10				8	2	7		17
	小計		13	19				18	2	12		32
8	貝ノ川川	鳥淵	10	2				5	4	3		12
9		藤ノ川	6	6				2	4	6		12
	小計		16	8				7	8	9		24
10	福良川	石原	5	6					5	6		11
11		舟ノ川	4	12					9	7		16
	小計		9	18					14	13		27
12	頭集川	立	9	7					13	3		16
	小計		9	7					13	3		16
13	加久見川	小川	6	3	2		4	2		1		9
	小計		6	3	2		4	2		1		9
合　計			69	78	4	8	8	42	37	48		147

松田川の各採集地における採集個体数とその体色

調査地点	流域	地点	雄	雌	BL			RE		DA		計
					BL1	BL2	BL3	RE1	RE2	DA1	DA2	
1	増田川	野地	4	15				1		14	4	19
2	京法川	ふかせ橋	6	7				3		6	4	13
3	下藤川	坂本	10	13				5		12	6	23
4	南郷谷川	南郷橋	4	10				4		9	1	14
5	井の谷の下の谷	出井	3	6				2		7		9
合　計			27	51				15		48	15	78

7、四国ではどうなっているのだろう？

えっ、黄色!?

　高知県の調査を終え一定の成果があったと一息ついていた矢先、愛媛県松野町の「おさかな館」で黄色いサワガニが展示されているとの情報が飛び込んできました。これは見たことがないと、さっそく行ってみると館にはいなく、学芸員の方が言うのに「愛媛県城辺(じょうへん)の僧都(そうず)小学校周辺の工事現場で見つかり持ってきてくれた」とのことでした。

　その情報をもとに2013年9月3日に僧都川5支流の5地点で調査を行い、101個体（雄48、雌53）を採集しました。黄色いサワガニは山出川(やまいだし)の上流で見つけました。その時の黄色のサワガニがこれです。

　仁淀川の程野で青いサワガニを見た時のように驚きました。本当に黄色いサワガニはいたのです。

黄色のサワガニ

　これまで、青、赤、茶、黒紫色のサワガニを茹でてきましたが、黄色のサワガニは茹でるとどんな色になるのでしょう？　翌年6月23日、再び山出川へ調査に入った時、黄色のサワガニを茹でてみました。

　まずは黄色17匹、赤色13匹、その中間色20匹を集計し、通常どおりそれぞれ4匹ずつを茹でました。その結果、赤色と中間色は赤くなりましたが、黄色は赤くなりませんでした。

　この黄色をいったいどの色の系統に分類したらいいのか、とても迷いましたが、とりあえず黄色系統（YE）として分類しました。しかし2回目の時の調査では、最初に見たような鮮明な黄色ではなく、少し赤みがかって見えました。そこで私たちは、赤系統のRE1に入れることにしました。

茹でる前	茹でた後
（赤色、黄色、中間色）	（黄色4匹を茹でた）

　黄色になるのは、何らかの理由で、ある時期に、サワガニのエサにカロテノイド系の物質が枯渇して赤色の色素が少なくなった、ということも考えられたからです。

四国全体のサワガニを見てみたい

　愛媛県愛南町（あいなん）に流れる僧都川で黄色いサワガニを見た驚きは、「四国全体ではどうなっているのだろう」と、私たちを愛媛、香川、徳島へと導いていきました。高知県の北側にはどんな色のサワガニがいるのだろう、まだ見たこともない色のサワガニがいるかもしれない……。

　調査をするたびに問題は解決されていくというより、情報が増えていき、それに伴って興味と疑問が膨らんでいきます。青いサワガニの小さい個体が見つからないのはなぜだろうか、足摺半島周辺と高知県東部の青いサワガニの両者に何か関係があるのだろうか、四万十川水系の広見川、梼原川（ゆすはら）にわずかながら青いサワガニがいた理由をどう理解したらいいのだろうか、このままでは調査を終われないという気持ちが高ぶってきます。

　色と地質との関係もまだ完全に決着したとも言い切れないという思いもくすぶっていて、現在の地質以前の地形に興味が湧いてきます。もしも色別分布線と呼応するように地形・構造線

僧都川で

がかつて存在したとすれば、現在のサワガニの分布は更に古い構造線の名残ではないかと想像することができないわけでもないからです。サワガニの色の不思議を追いかけていくうちに、四国の地質の変動を知ることになるかもしれないという気もしてきます。

「仁淀川」から始まったサワガニの色別分布調査は、高知県全域へ広がり、とうとう四国全体へと拡大していきました。こうして「2014 年中に四国のサワガニの色別分布図を作成する」を目標に、4 月から 6 月にかけて愛媛県から順次、調査していくことになりました。肱川の調査から 2 名の新しいメンバーが加わったこともあり、調査はスムーズに進んでいきました。

青いサワガニは愛媛県の中山川を境にして東に

2014 年 4 月 9 日に岩松川 5 支流の 5 地点において調査を行い 86 個体（雄 39、雌 47）、4 月 12 日に肱川 5 支流の 5 地点において 88 個体（雄 45、雌 43）、4 月 16 日に重信川 5 支流の 5 地点において 110 個体（雄 50、雌 60）、4 月 29 日に蒼社川本流と 4 支流の 5 地点において 85 個体（雄 34、雌 51）、5 月 10 日に加茂川本流と 3 支流の 5 地点において 146 個体（雄 52、雌 94）、5 月 18 日に国領川 4 支流の 4 地点において 83 個体（雄 31、雌 52）、5 月 21 日に関川本流と 1 支流の 4 地点と豊岡川本流の 1 地点において合わせて 86 個体（雄 36、雌 50）を調査しました。

面河川の上流部には青いサワガニがいたので、その北側の重信川上流部もきっとそうだろうと思いましたが、茶色のサワガニばかりで、またしても予想がはずれました。

愛媛県の各流域における採集個体数とその体色

	流域	雄	雌	BL			RE		DA		計
				BL1	BL2	BL3	RE1	RE2	DA1	DA2	
1	僧都川	48	53				100		1		101
2	岩松川	39	47				47	1	38		86
3	肱川	45	43				12		76		88
4	重信川	50	60						110		110
5	蒼社川	34	51						84	1	85
6	中山川	31	54		6	20			59		85
7	加茂川	52	94	18	65	63					146
8	国領川	31	52	5	23	55					83
9	関川	22	42	5	18	40			1		64
10	豊岡川	14	8	1	8	13					22
	合計	366	504	29	120	191	159	1	369	1	870

地質的に領家変成帯を流れる蒼社川は花崗岩であり、そこには暗色系統のサワガニがいました。加茂川・国領川、関川は全て青系統の河川で、赤いサワガニを見つけることはできませんでした。

　愛媛県の調査で、青系統の境を確認する必要が出たために、2015年3月30日に中山川4支流の4地点において追加調査を行い、85個体（雄31、雌54）を採集しました。

　この結果、愛媛県では中山川を境にして、東に青系統が、西は赤系統が生息していることがわかりました。暗色系統は両方に生息していました。

僧都川の各採集地における採集個体数とその体色

調査地点	流域	地点	雄	雌	BL1	BL2	BL3	RE1	RE2	DA1	DA2	計
1	大僧都川	大僧都	10	8				18				18
2	小僧都川	宮前橋下	4	9				13				13
3	鹿鳴川	鹿鳴	6	6				12				12
4	山出川	山出上	13	13				26				26
5	大久保川	ダム手前水路	15	17				31		1		32
合　計			48	53				100		1		101

岩松川の各採集地における採集個体数とその体色

調査地点	流域	地点	雄	雌	BL1	BL2	BL3	RE1	RE2	DA1	DA2	計
1	小祝川	小祝	3	8				10		1		11
2	増穂川	本俵	8	10				9		9		18
3	御代ノ川	御代ノ川	14	7				7		14		21
4	神田西の川	横吹橋	8	7				8		7		15
5	大道川	道ノ川	6	15				13	1	7		21
合　計			39	47				47	1	38		86

肱川の各採集地における採集個体数とその体色

調査地点	流域	地点	雄	雌	BL1	BL2	BL3	RE1	RE2	DA1	DA2	計
1	安家谷川	安家谷	12	8				8		12		20
2	舟戸川	小倉	7	5						12		12
3	河辺川	ぬたの尾	5	8						13		13
4	嵩富川	松尾	9	11				4		16		20
5	大平川	日野	12	11						23		23
合　計			45	43				12		76		88

重信川の各採集地における採集個体数とその体色

調査地点	流域	地点	雄	雌	BL			RE		DA		計
					BL1	BL2	BL3	RE1	RE2	DA1	DA2	
1	砥部川	千里	4	8						12		12
2	御坂川	桜	3	17						20		20
3	菅沢川	神次郎	14	18						32		32
4	黒滝谷川	御所	14	16						30		30
5	本谷川	奥松瀬川	15	1						16		16
合　計			50	60						110		110

蒼社川の各採集地における採集個体数とその体色

調査地点	流域	地点	雄	雌	BL			RE		DA		計
					BL1	BL2	BL3	RE1	RE2	DA1	DA2	
1	蒼社川	水ケ峠	11	13						23	1	24
2	葛谷川	葛谷	3	10						13		13
3	木地川	下木地	10	9						19		19
4	大野川	畑寺	7	11						18		18
5	谷山川	新中山橋	3	8						11		11
合　計			34	51						84	1	85

中山川の各採集地における採集個体数とその体色

調査地点	流域	地点	雄	雌	BL			RE		DA		計
					BL1	BL2	BL3	RE1	RE2	DA1	DA2	
1	妙之谷川	馬返	5	17		4	13			5		22
2	鞍瀬川	横海	14	21		2	7			26		35
3	滑川	海上	4	6						10		10
4	河之内谷川	河之内隧道	8	10						18		18
合　計			31	54		6	20			59		85

加茂川の各採集地における採集個体数とその体色

調査地点	流域	地点	雄	雌	BL			RE		DA		計
					BL1	BL2	BL3	RE1	RE2	DA1	DA2	
1	竿谷川	川来須	9	25	5	9	20					34
2	吉居川	吉居	9	21	7	10	13					30
3	加茂川	虎杖	10	12	2	15	5					22
4	加茂川	西之川	6	9	1	9	5					15
5	谷川	八の川	18	27	3	22	20					45
合　計			52	94	18	65	63					146

国領川の各採集地における採集個体数とその体色

調査地点	流域	地点	雄	雌	BL1	BL2	BL3	RE1	RE2	DA1	DA2	計
1	足谷川	東平	9	9	2	7	9					18
2	土山谷川	河又下	10	26	2	11	23					36
3	種子川	享徳橋	11	14		5	20					25
4	真谷川	長野	1	3	1		3					4
	合計		31	52	5	23	55					83

関川・豊岡川の各採集地における採集個体数とその体色

調査地点	流域	地点	雄	雌	BL1	BL2	BL3	RE1	RE2	DA1	DA2	計
1	関川	大川下	7	10	1	4	11			1		17
2	関川	大川上	4	7		5	6					11
3	関川	大屋敷上	6	16	4	5	13					22
4	（浦山川）	河内	5	9		4	10					14
	小計		22	42	5	18	40			1		64
5	豊岡川	豊岡上橋	14	8	1	8	13					22
	小計		14	8	1	8	13					22
	合計		36	50	6	26	53			1		86

今度は香川県で真っ黒いサワガニを発見！

　中山川以東は青いサワガニが生息していることがわかったので、香川県も青系統のサワガニでないかと予想して調査に入りました。

　2014年5月28日に、財田川本流と1支流の2地点、土器川2支流の2地点、香東川2支流の2地点において調査を行い、98個体（雄38、雌60）を採集しました。

　この調査では、土器川の支流・真鈴川の下富家の堰堤下で真っ黒いサワガニを見つけました。いた谷は真っ黒い泥岩でしたが、これは何かを物語っているのでしょうか。この時も分類に悩みましたが、暗色系統DA2に入れました。それがこの写真です。

黒いサワガニ

　香川県全体としては、暗色系統の紫色のサワガニが大きい割合で生息していました。青系統は全体の9％ですが、香川県にも青いサワガニが生息していました。赤いサワガニは見つけることができませんでした。3河川、しかも6か所だけの調査で香川県全体を判断

するのはどうかと思いますが、住宅地近くの河川ではサワガニを見つけることができず、上流部の調査にとどまってしまいました。

香川県の各流域における採集個体数とその体色

	流域	雄	雌	BL1	BL2	BL3	RE1	RE2	DA1	DA2	計
1	財田川	10	17						3	24	27
2	土器川	10	18		1	1			4	22	28
3	香東川	18	25	1	2	4			21	15	43
	合計	38	60	1	3	5			28	61	98

財田川・土器川・香東川の各採集地における採集個体数とその体色

調査地点	流域	地点	雄	雌	BL1	BL2	BL3	RE1	RE2	DA1	DA2	計
1	財田川(渓道川)	戸川大橋	1	2						3		3
2	財田川	塩入	9	15							24	24
	小計		10	17						3	24	27
3	土器川(真鈴川)	下富家	5	6		1	1				9	11
4	土器川(明神川)	三頭トンネル入口	5	12						4	13	17
	小計		10	18		1	1			4	22	28
5	香東川(内場川)	松尾	9	16	1	2	4			3	15	25
6	香東川(虹の滝川)	虹の滝	9	9						18		18
	小計		18	25	1	2	4			21	15	43
	合計		38	60	1	3	5			28	61	98

徳島県は青かった

四国のサワガニ調査も残すところ徳島県だけとなりました。吉野川については、すでに高知県の調査時に終わっています。

徳島県側では、まず2014年6月11日、14日に那賀川本流と8支流の10地点において203個体（雄79、雌124）、6月18日に勝浦川本流と3支流の5地点において89個体（雄35、雌54）、6月21日に宍喰川本流と1支流、海部川本流と2支流の5地点において134個体（雄56、雌78）、そして、2015年3月24日に日和佐川3支流の3地点において追加調査を行

雨の日の調査風景

い、50 個体（雄 20、雌 30）を採集しました。

　吉野川 19 支流の 37 地点において 447 個体（雄 121、雌 326）を採集した結果は、上流から下流まで青系統のサワガニで、暗色系統は多くいましたが赤系統のサワガニは見つけることができませんでした。

　仁淀川の調査で気になっていたことがあります。それは仁淀川の黒川水系の石灰岩の谷では全くサワガニを見つけることができませんでした。もしかして石灰岩はサワガニの生息には不向きではないかと思ってきましたが、同じ地質の那賀川の支流・高の瀬川の調査でそうではないことがわかりました。

徳島県の各流域における採集個体数とその体色

	流域	雄	雌	BL			RE		DA		計
				BL1	BL2	BL3	RE1	RE2	DA1	DA2	
1	吉野川	121	326	43	145	48			109	102	447
2	勝浦川	35	54	7	24	54			2	2	89
3	那賀川	79	124	13	46	105			28	11	203
4	日和佐川	20	30	4	10	28			8		50
5	海部川	44	55	6	27	61				5	99
6	宍喰川	12	23		11	21			3		35
	合計	311	612	73	263	317			150	120	923

吉野川の各採集地における採集個体数とその体色

調査地点	流域	地点	雄	雌	BL			RE		DA		計
					BL1	BL2	BL3	RE1	RE2	DA1	DA2	
1	大森川	竹ケ奈呂	3	10	2		9			2		13
2		大瀧の滝	2	4	2	4						6
3		名野川	8	6	9	4				1		14
4		長又川	1	6	1	4				2		7
	小計		14	26	14	12	9			5		40
5	南小川	八畝		15	8		3				4	15
6		西峰	4	10		3					11	14
	小計		4	25	8	3	3				15	29
7	祖谷川	祖谷トンネル	5	6		1					10	11
8		小島	2	7			1				8	9
33		落合	7	8		1	3				11	15
34		名頃	8	8						1	15	16
	小計		22	29		2	4			1	44	51
9	大北川	小松	4	12		4				12		16
10		中川市橋	2	10		8				2	2	12
	小計		6	22		12				14	2	28
11	瀬戸川	南川	1	10		9	1			1		11
12		黒丸	4	7		3	1			7		11
	小計		5	17		12	2			8		22
13	穴内川	久寿軒	7	8	2	1				12		15
	小計		7	8	2	1				12		15
14	立川川	井手	4	8	5	1					6	12
15		仁尾ケ内	1	8		1				8		9
	小計		5	16	5	2				8	6	21
16	汗見川	冬瀬	3	7	4	4	1			1		10
17		桑の川	2	7	2	6				1		9
	小計		5	14	6	10	1			2		19
18	地蔵寺川	大峠	2	8	3	3	3			1		10
	小計		2	8	3	3	3			1		10
19	貞光川	広谷	4	10						14		14
20		長谷橋	2	6		1	1			5	1	8
21		川又	1	9		6	3			1		10
	小計		7	25		7	4			20	1	32
22	穴吹川	弓立		12		10				2		12
	小計			12		10				2		12
23	白川谷川	仏子	7	4							11	11
	小計		7	4							11	11
24	松尾川	ヤマフロ		10		10						10
25		松尾	5	5		3	2			5		10
	小計		5	15		13	2			5		20

※次頁へ続く

調査地点	流域	地点	雄	雌	BL			RE		DA		計
					BL1	BL2	BL3	RE1	RE2	DA1	DA2	
26	井ノ内谷川	井内	9	5		3				6	5	14
	小計		9	5		3				6	5	14
27	加茂谷川	谷合	1	10		4				3	4	11
	小計		1	10		4				3	4	11
28	半田川	上連	5	9						1	13	14
	小計		5	9						1	13	14
29	山川川	奥野井	1	9		10						10
	小計		1	9		10						10
30		歯ノ辻	1	10		1				9	1	11
31	鮎喰川	養瀬	2	11		7	4			2		13
32		左右内谷川	2	10	1	6	5					12
	小計		5	31	1	14	9			11	1	36
35		保土野	2	8	2	4	3			1		10
36	銅山川	藤原	2	22	1	18	4			1		24
37		中の川	7	11	1	5	4			8		18
	小計		11	41	4	27	11			10		52
	合　計		121	326	43	145	48			109	102	447

勝浦川の各採集地における採集個体数とその体色

調査地点	流域	地点	雄	雌	BL			RE		DA		計
					BL1	BL2	BL3	RE1	RE2	DA1	DA2	
1	勝浦川	棚野	9	22	2	4	22			1	2	31
2	藤川谷川	めん淵	6	12	2	8	7			1		18
3	杉地谷川	中山	7	6	1	2	10					13
4	旭川	市宇	6	9		6	9					15
5	勝浦川	生実	7	5	2	4	6					12
	合　計		35	54	7	24	54			2	2	89

那賀川の各採集地における採集個体数とその体色

調査地点	流域	地点	雄	雌	BL			RE		DA		計
					BL1	BL2	BL3	RE1	RE2	DA1	DA2	
1	折谷川	折谷橋	5	8		5	8					13
2	高の瀬川	平	8	14	1	4	16			1		22
3	蝉谷川	九文名	3	2		2	3					5
4	海川谷川	成瀬	19	19	3	5	10			18	2	38
5	拝宮谷川	拝宮橋	17	9	3	5	13			5		26
6	海川谷川	上海川	6	19	2	5	6			3	9	25
7	紅葉川	木屋ノ谷	11	13	1	9	13			1		24
8	赤松川	赤松	3	12		7	8					15
9	谷内川	平野	6	13	2	3	14					19
10	那賀川	田野	1	15	1	1	14					16
	合　計		79	124	13	46	105			28	11	203

日和佐川の各採集地における採集個体数とその体色

調査地点	流域	地点	雄	雌	BL			RE		DA		計
					BL1	BL2	BL3	RE1	RE2	DA1	DA2	
1	原ケ野谷川	原ケ野	6	15	1	6	7			7		21
2	山河内谷川	府内	9	5	2	1	10			1		14
3	一番谷川	一番谷	5	10	1	3	11					15
合　計			20	30	4	10	28			8		50

宍喰川・海部川の各採集地における採集個体数とその体色

調査地点	流域	地点	雄	雌	BL			RE		DA		計
					BL1	BL2	BL3	RE1	RE2	DA1	DA2	
1	宍喰川	広岡	7	6		4	6			3		13
2	（広岡川）	塩深上	5	17		7	15					22
小計			12	23		11	21			3		35
3	海部川（宍瀬谷川）	村山	25	26	2	14	32				3	51
4	海部川（海部川）	皆瀬	9	13	1	4	16				1	22
5	海部川（小川谷川）	小川谷	10	16	3	9	13				1	26
小計			44	55	6	27	61				5	99
合　計			56	78	6	38	82			3	5	134

サワガニの四国の色別分布図を仕上げる

四国4県での調査結果をまとめると次のようになります。

四国全体の集計

	河川数	調査地点数	採集個体数	雄	雌	BL	RE	DA
高知県	21	156	2086	916	1170	498	840	748
愛媛県	10	43	870	366	504	340	160	370
香川県	3	6	98	38	60	9	－	89
徳島県	6	60	923	311	612	653	－	270
合計	40	265	3977	1631	2346	1500	1000	1477

　これをもとに、四国のサワガニの色別分布図を2014年8月には仕上げることができました（次頁）。「四国全体を知りたい」という気持ちで走り続けましたが、よく雨にも負けず、挫折もせず、ここまで到達したものです。

四国の色別分布図では、赤いサワガニと青いサワガニの分布がはっきりと分かれていることが見てとれます。また、暗色系統は両方に生息していましたが、青系統と赤系統とがほとんど混在していないことに改めて驚きました。

　この図からいくつかの新しい疑問が生まれましたが、私たちとしてはこのまま調査を続けても疑問の解決につなげるのは難しいと考えました。まずは現時点での分布図を各方面の方々に利用してもらい、またこれを見た方からの知識や意見をうかがいたいと思い、2015年1月17日付け高知新聞朝刊にこれまでの成果を発表することになりました。

サワガニの色分け基準の見直し

　仁淀川から始まり四国の全体に広がった調査で、私たちは3800匹以上のサワガニに出会ってきました。

　野外で見られるサワガニの甲殻の色は、鮮明な青、灰色がかった青、鮮明な赤、オレンジがかった赤、茶色みを帯びた赤、ワインレッド、褐色、紫がかった茶色、黒みを帯びた茶色など、変化に富んでいます。さらに、黄色の個体や真っ黒な個体もいるのです。

　一寸木氏による青、赤、暗色の3系統の色分けを基本に調査を始めたのですが、たくさんのサワガニを観ているうちに、各系統内の細分について整理しきれなくなり、あくまで現段階のものですが、氏の基準とは別に私たちの基準を作らざるをえなくなりました。

　それは以下のようなものです。

BL系統では、

①甲殻のほぼ全域が明るいブルーで、鉗脚と歩脚が乳白色（BL1）。

②甲殻のほぼ全域が灰色を帯びたブルーで、鉗脚と歩脚がうすい灰色（BL2）。

③甲殻の前域だけがブルーないし青紫で、後域が乳白色、鉗脚と歩脚が乳白色ないし灰色（BL3）。

④BL3に近いが、甲殻の前域が茶色みを帯びる（BL3'）。

RE系統では、

①鮮明な赤色、やや朱色がかった赤色、茶色みを帯びた赤色などがあり、それぞれの間は連続的、歩脚と鉗脚は赤いか赤みを帯びる（RE1）。

　なお、黄色（YE）の個体についてですが、REとの間が連続的で、時期をずらして観ると赤い個体が多くなるので、餌料にカロテノイド系の物質が不足すると赤みが減少するという想定のもとに、ひとまずこの中に入れました。

②甲殻も附属肢もワインレッド、前者と不連続に区別できる鉗脚の爪に白い部分が少ない、歩脚と鉗脚もワインレッド（RE2）。

DA系統では、

①甲殻が薄茶色から濃い茶色まで連続的に変化があり、鉗脚と歩脚も甲殻の色に応じて淡色から濃色まで変化がある。甲殻が薄茶色の個体では歩脚にもんもんが見られることも多い（DA1）。

②甲殻や鉗脚と歩脚が濃い黒紫色ないし紫褐色、鉗脚の爪に白い部分が少ない（DA2）。

　これを実際のサワガニの写真に置き換えてみます（次頁）。

サワガニの色の分類基準

・悩みながらも私たちが行なった色の分類です
・本書に出てくるサワガニを数えた数値は同分類によっています

●青系統

BL1

BL2

BL3

BL3'

青系統のいろいろ

● 赤系統

RE1	RE2

赤系統のいろいろ

●暗色系統

DA1	DA2

暗色系統のいろいろ

8、青いサワガニの卵は何色だろう？

「交尾して卵はどうなるのだろう？」「こどもの時は何色だろう？」。調査を進めていると、疑問がだんだんサワガニそのものにも向いてきます。これまで私たちは 15mm 以上のサワガニを対象にしてきたので、小さいものはほとんど気にせずにきていました。生まれてからどう成長していくのだろう、との思いが膨らんできました。サワガニのことをもっと知りたいね、飼ってみんといかんね、という空気が生まれてきました。

サワガニはいつ卵を産むのだろう？

サワガニの母ガニは、卵が孵化して仔ガニになってもしばらく抱えたまま生活します。サワガニの交尾、産卵、抱卵の時期はいつなのか、どのようにするのか、自然の状態ではなかなか見る機会はありません。

荒木・松浦氏は、福岡県の川を調査して以下のように述べています（*3&4 より要約）。

雌の卵巣は 3 月頃から大きくなり始め 5 月から 6 月にかけて最大になる。7 月には雌が産卵のため陸上に移動するので、川の中にいる雌は卵巣が大きくない個体ばかりになる。雄の成体はほとんど周年生殖可能な精巣を持っている。

高知県とその近辺の場合、卵や仔ガニを抱えた雌がいたのは 7 河川で（下の表）、7 月下旬から 11 月中旬まででした。8 月には雌の 1 ／ 3 ほどが卵か仔ガニを抱えていました。

抱卵仔雌の割合

調査河川	調査時期	全♀に占める割合（%）
新荘川	8 月上旬	7.7
下ノ加江川	8 月中旬	30.9
松田川	8 月中旬	24.0
四万十川	10 月上旬〜11 月下旬	0.3
仁淀川	7 月上中下旬	0.8
野根川	8 月中旬	35.4
吉野川	10 月上中下旬	2.1

交尾中のサワガニ

一方、4月下旬から7月下旬までに調べた7河川（鏡川、国分川、物部川、安芸川、伊尾木川、安田川、奈半利川）では、抱卵仔雌は見つかっていません。繁殖活動は7月半ばぐらいから始まるようです。

四万十川の支流である四万川の文丸（ふみまる）で交尾しているサワガニを初めて見ました。写真にも納めることができました。その時期は11月4日でしたので、秋遅い時期にもまだ繁殖が可能であるといえるでしょう。

抱卵仔雌は、岸近くの陸上か水中で石の下に隠れているようです。猛暑だった2013年8月中旬に調べた松田川では、岸近くの日陰の石の下にだけにいました。

このことから、高知県あたりでは、8月が繁殖の最盛期で、7月下旬から11月初旬が産卵の時期である、と考えられます。

飼育して産卵や抱卵を観てみたい

飼育することで自然でおきていることを観られないだろうか。青いサワガニの体色変化について調べようと飼育していた2015年4月22日から数日にかけて、交尾の行動を観察することができました。
（写真①〜⑥）

水槽で越冬した雌のところへ新たに青い雄を入れた数日後、まず雄が雌に近づきます。2個体が接近すると、ふつうは雄雌に関係なく一方が逃げます。ところがこのときは、雌がじーっと雄を眺めていました。①

① 左が雄　　② 　　③ 下が雄

④ 　　⑤ 下が雄　　⑥

雄がさらに距離を縮めると、雌はハサミを振り上げて抵抗しますが逃げません。②

雄が雌のアシを捕まえました。雌は、卵巣に交尾の準備ができていなければ自切をしてでも逃げるはずです。③、④

雄は、まるで背負い投げのように雌を自分の腹側へ寄せます。⑤

雌の腹部が下方向に開き、雄がその上に乗っかって、互いに向き合ってハサミをバンザイにした格好でつかみ合いました。⑥

カップルは成立したのですが、このときはすぐに両者が離れてしまいました。残念ながら、交尾は失敗です。

なんとか交尾・産卵を観察したいと思っていたところ、再びその機会が訪れました。

今度は仁淀川から連れてきた赤系統の2ペアですが2016年6月から8月29日の間、観察することができました。一組は雄の求愛行動でしょう、雌を執拗に追いかけるのですが1週間ほどで雌が水槽の外へ脱出してしまい終了。もう一組は雄も雌も互いに交渉なし。そこで、雌に逃げられた方の雄と入れ替えたところ、この雄は果敢に雌を追いはじめ、雌の方もあまり逃げません。そして2日後、交尾の体制に入り、かなりの時間そのままで過ごしました。

この後、産卵を期待したのですが交尾が体制だけで終わったようで、このときも産卵も抱卵も観察することはできませんでした。

サワガニにとっては大切な繁殖行動なのですが、水槽の中という条件がそれを妨げているのでしょうか。それでも、何色の卵で産まれ、仔の成長とともに卵の色はどう変化していくのか観てみたいと、再度飼育に挑戦したいと思いました。

サワガニは自分の脱皮殻を食べて育つ

サワガニは脱皮する時、川の中では安定した石の下に穴を造り、そこで外皮が硬くなるまでじっとしています。脱皮直後のサワガニを手のひらにのせても、ほとんど動きません。筋肉を支える外皮（外骨格）が軟らかすぎて自由がきかないみたいです。そんな状態でもし見つかったら、天敵にはもちろん他のサワガニにも食べられてしまいます。実際、脱皮間もないサワガニ2個体を採集して、すでに10個体ほどいたバケツに入れたところ、見る間に食べられてしまいました。

またある日のこと、水槽の中で脱皮したサワガニが、脱皮殻を目の前にした状態で躰半分を石の下に入れていました（写真）。翌日、脱皮殻が少し欠けています。3日後には、ハサミだけが残っていました。きっと自分の脱皮殻を食べて、カルシュウムを再利用したのでしょう。おそらく仔ガニも

水槽の中で脱皮、手前は脱皮殻

自ら脱皮殻を食べて成長するに違いありません。

　サワガニがたくさんいる川でも、石の下に脱皮殻を見つけることはあまりないし、まして完全な抜け殻はほとんど見たことがありません。自然の状態でもカルシュウムを効率よく補給するため、自分の抜け殻を食べることがあるのだと思います。

赤いサワガニの卵は赤い

　生まれた卵の色は何色なのでしょう？
　2011年7月24日、仁淀川の支流・坂折川の大樽の滝手前の谷で初めて、赤いサワガニの卵を見ました。その後2013年8月10日、松田川の支流・増田川、京法川、下藤川で、茶と紫色のサワガニの卵を見ました。卵はどれも朱色かオレンジ色でした。

オレンジ色の卵を抱えています

卵は透き通るような朱色を呈します

卵の中で発生が進むと朱色がくすんできます

朱色は見られなくなりくすんだ色になります

だんだん仔ガニの眼が見えてきます

だいぶ仔ガニの形ができ始めました

青いサワガニの卵は何色だろう？

　赤いサワガニの卵はたくさん観てきたのですが、青いサワガニの卵は観たことがありません。改めて「青いサワガニの卵は何色ですか」と聞かれてみると、まさか青ということはないだろう、やはり赤いサワガニと同じイクラのような朱色ではないかと思いましたが、返事ができませんでした。
　「分からないことは調べよう」が私たちのやり方です。
　これまでの調査で、青いサワガニは赤いサワガニよりも仔ガニを遅い時期まで抱いていました。だとすれば、青いサワガニと赤いサワガニでは抱卵の時期が違っていて、赤いサワガニよりもっと遅いと予想し、2015年8月15日に物部川の支流・西川川に調査に入りました。
　なんとしても青いサワガニ、とりわけ青色のきれいなBL1の卵を観てみたい、と気がはやります。しばらくして青系統のBL3の黄色っぽい卵を抱いたサワガニを見つけましたが、ほとんどが卵から孵った仔ガニを抱いていました（下の写真）。残念ながら、BL1のサワガニの卵を見つけることができず、帰ってくることになりました。
　ますますBL1の卵を観たいとの思いはつのり、翌年8月20日、再び同じ場所に調査に行きました。すると、卵を抱いたBL1、BL3がいました。BL1はいたのですが、卵の色はくすんでいたり卵に目が見えたり仔ガニを抱いていたりで、きれいな卵を抱いたサワガニを見つけることはできませんでした。念のためと近くの日御子川に行くと、黄色い卵と仔ガニの両方を抱えたBL3を見つけましたが、ここでもBL1の卵は見つけることができませんでした。（次頁写真参照）
　この経験で、青いサワガニの産卵時期は赤いサワガニ同様に8月上旬頃ではないか、と思い直しました。思った通りではありませんでしたが、青いサワガニの卵は朱色っぽくはなく黄色っぽい色だと予想することができました。

BL3　黄色っぽい卵を抱えている（左）卵から孵った仔ガニを抱いている（右）（西川川　2015.8.15）

BL1　仔ガニの眼が見えている　（西川川　2016.8.20）

BL3　卵が孵り始め、くすんだ黄土色になっている　（西川川　2016.8.20）

BL3　卵と孵り始めた仔ガニを抱えている　（日御子川　2016.8.20）

9、サワガニの色は一生同じなのだろうか？

サワガニの色は成長とともに変わる？

稚仔期のサワガニの色は薄茶色なのですが、その後、成長とともに色は変わっていくのではないか？　そんな疑問が生まれました。

これまでの調査を振り返ってみると、赤系統や暗色系統のサワガニは甲幅 15mm 前後の個体もいるのですが、青系統については BL1 や BL2 のサワガニでは甲幅が同サイズの個体が見当たらず、これまでのところ 18.2mm というのが最小で、ほとんどが甲幅 20mm 以上でした。

例えば、愛媛県東部の河川（加茂川、国領川、関川、豊岡川など）と徳島県の河川（那賀川、勝浦川、海部川、宍喰川）で観察されたほぼ全ての個体が青系統で、それらには BL3（甲殻の色彩は青、灰色、淡紫茶色）と BL3'（茶色、黄土色）としたものを含んでいます。そして、BL1 個体の最小甲幅は雄で 18.2mm、雌で 25.7mm、BL2 の最小甲幅は雄で 17.9mm、雌で 17.0mm でした。

つまり、BL1 と BL2 では小さい個体が見つかっていないのです。一方、BL3 と BL3' の最小甲幅は雄雌ともに 15.0mm でした（15.0mm 以下の個体は調査から外している）。

青いサワガニの小さい個体がいない!?

青系統のサワガニでは BL1 や BL2 に相当する小さい個体がいない、このことは何を意味するのでしょうか。

私たちが偶然に出会ってないだけとも思えず、これまで溜めてきた「調査票」を整理することにしました。そして、青系統のサワガニが多く見つかった河川について、BL1 と BL2 をまとめたグループ（BL1&2 と標示する）と BL3 と BL3' をまとめたグループ（BL3 と標示する）に分けて、甲幅の最大値、最小値、平均値、平均値の 95％信頼限界幅を比べてみました。（次頁図）

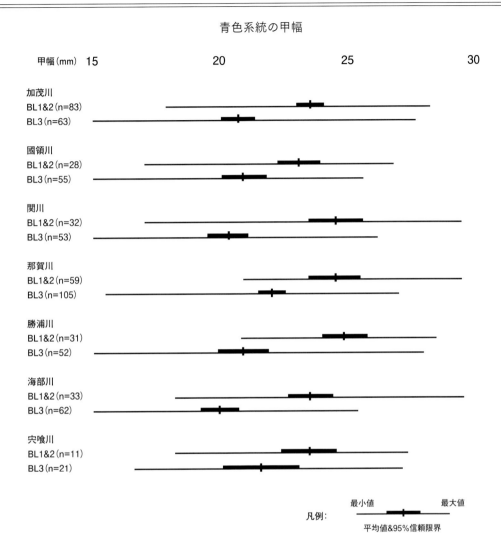

この図から、以下のことを読み取ることができます。
・最小値と平均値は、いずれの河川でもBL1＆2がBL3より大きい。
・最大値は、BL3がBL1＆2に近い値を示すこともあるが、それでもBL3が超える例はない。
・平均値の95％信頼限界幅が、宍喰川を除く6河川ではBL1＆2とBL3が重なることはなく、BL3が必ず低い方の値である。（標本数が少ない宍喰川の場合は95％信頼限界幅に重なりがあるが、傾向としては他の河川と似ている）
こうしたことから、
① BL1＆2は小さい個体を含まない集まりである
② BL3は小さい個体から大きな個体までを含み、小さい個体が多い集まりである
と言うことができます。そうだとすると、《BL3のうちいずれかの個体がBL1＆2に変わっ

ていく》ことが充分に予想されます。あるいはまた、BL3のままで大きな個体になった
サワガニがその後 BL1 や BL2 に変わることがあるのでしょうか。いずれにせよ、色調は
一生不変でなく、変化していくことを示唆しているように思います。

　とすると、青いサワガニは BL3 や BL3' の小さい個体から生育していき、色を BL1 や
BL2 に変えていく、という思いきった仮説を考えざるを得ません。

　この疑問は、私たちを「飼育して確かめたい！」へ誘導していきました。

青いサワガニを飼育してみる

「色は変化していくのかもしれない」。そんな興味と期待をもって、BL1 を飼育するべく、
2014 年 8 月、数個体を持ち帰りました。

・さっそく水槽を用意して入れると、どう見てもすべて BL3 です。

・数日後、雄が雌を追いかけていました。その時、雄は BL1 に戻っていました。

・どうにか生き残った 2 個体が水槽の中で越冬しました。春になって石の下から出てき
た時は、BL3 と BL3' に近い BL2 でした。

・別の機会に青い個体を飼育したところ、1 つの個体が時によって、BL1、BL2、BL3
の三様を示しました。

飼育観察の記録

```
┌─────────────────────────────────────────────────┐
│          飼育中の個体が色調を変化させている例              │
│                                                 │
│      例1　古江の No.6 ♂　（次頁写真 1 〜 4 ）          │
│   2014 年　8 ／ 15　　BL3　飼育開始日                 │
│                          採集時 BL1 、水槽に入れると BL3  │
│          8 ／ 15-16  BL3                          │
│          8 ／ 31　　 BL1                          │
│          10 ／ 5　　 BL1　NO11 ♀と交尾               │
│          10 ／ 10　　BL1　この数日前に♀を追尾し交尾した     │
│          10 ／ 17　　BL2                          │
│   2015 年　4 ／ 21　　BL2　脱皮に失敗し死亡             │
│                                                 │
│      例2　物部川の No.11 ♀　（次頁写真 5 〜 8 ）        │
│   2014 年　8 ／ 31　　BL1                          │
│          9 ／ 9　　　BL2                          │
│          10 ／ 3　　 BL2                          │
│          10 ／ 5　　 BL2　No.6 ♂と交尾               │
│          11 ／ 2 〜　BL3'　「灰色味を帯びたうす紫」        │
│   2015 年　4 ／ 29　　BL3'　同上                    │
└─────────────────────────────────────────────────┘
```

飼育中の色変化

1、No.6♂ 採集時はBL1だったが、水槽に入れると BL3になった（2014.8.16）
↓

5、No.11♀ 採集時はBL1で、水槽に入れてもBL1だった （2014.8.31）
↓

2、No.6♂ 同じ個体が2週間後にBL1になった （2014.8.31）
↓

6、No.11♀ 2か月後、水槽の中の同じ個体を見ると BL2に近いBL3'だった（2014.11.2）
↓

3、No.6♂ 翌年春、♀を追っている時はBL1だった （2015.4.16）
↓

7、No.11♀ 越冬し春、動き始めるとBL3'になった （2015.4.1）

4、No.6♂ その後まもなく脱皮に失敗し死亡 その時はBL2だった（2015.4.21）

8、No.6♂ & No.11♀ 水槽内で交尾した時は、 No.6♂はBL1、No.11♀はBL2だった（2014.10.5）

飼育した結果、

- ・稚仔期には青色にならない
- ・若年期の個体は BL1 にはならず、主に BL3 である
- ・BL1、BL2、BL3 は全て同じであり、分ける必要はない
- ・成体になっても生理的な状況で色調が変わる；元気がよいときは BL1
- ・メンタル（個体群のなかで優位などがあればだが？）な状況で色が変わる

ということがわかりました。

赤系統と暗色系統を飼育してみる

青系統のことはわかりましたが、赤系統、暗色系統はどうなのでしょうか？　赤系統（RE1）、暗色系統（DA1、DA2）も飼育してみました。

すると、次のことがわかりました。

- ・赤系統では、4 個体中 3 個体が暗色系統の DA1 に近い色調に変わった
- ・暗色系統の DA1 には、茶色の濃淡にわずかの変化があった
- ・暗色系統の DA2 には、色調の変化はまったく観られなかった

暗色系統の DA1 では色調に多少の変化があるものの、DA1 の範疇内のことでした。暗色系統で DA1 の範疇に入れていた個体の中には眼窩の周囲が赤いのがいて（国分川他）、はたしてこのサワガニは暗色系統なのだろうか、と迷いました。

暗色系統の DA2 は問題なしですが、赤系統の RE1 と暗色系統の DA1 との間をどのように区別するのか、あるいは区別する必要がないのか、新たな問題が浮かび上がってきました。

新しい色分けへ

青系統、赤系統、暗色系統のサワガニを飼育してみた結果、現場の調査では気づくことができなかったことがわかってきました。この飼育結果を踏まえ、一度作ったサワガニの色を分ける「私たちの基準」をもう一度見直してみることになりました。

まず、BL 系統に関しては細分の必要はなく、すべて BL に統一していいと思います。なお、一寸木氏も BL を細分していますが、私たちが BL1、BL2、BL3、BL3' 等と規定したものとほぼ同じです。

問題は RE と DA（または BROWN）です。一寸木氏の RE2 は歩脚・鉗脚が茶褐色としているので、私たちの色分けでは DA の範疇となります（私たちの RE は歩脚と鉗脚が赤い）。また、一寸木氏の DA1 と DA3 は私たちの DA2 に相当します。

一寸木氏や鈴木・津田氏の色分けと私たちとの異同を検討してみると、以下のようになります。

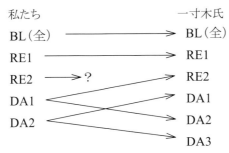

　鈴木・津田氏は一寸木氏の色分け（*5）を基本にしつつ、暗色系（DA）を茶色BROWNと称しているので（*9）、私たちのDA1とほぼ近いものと想像しています。また、REはRE1であろうと思われます。

10、ミトコンドリアDNAの分析結果が出る

　私たちはまずサワガニの色に驚きかつ感激して、色別の分布調査を続け、四国の地図に落とすところまで行き着きました。改めて地図を見ながら、調査を振り返りながら、次のような疑問点が浮かび上がってきました。

　①青色と赤色のサワガニが物部川を境にして明瞭に分かれている理由はなんだろう？

　②青色と赤色のサワガニはなぜ混在していないのだろう？

　③物部川の青色と足摺半島の青色は同じサワガニなのだろうか？

　これらの疑問を解明するには遺伝子分析が欠かせない、同じサワガニでありながら色をふくめて形態に違いがあるのなら、そこに遺伝子（DNA）がかかわっているに違いない、と考えるようになりました。

　そんな時、サワガニの記事が高知新聞に掲載されたことをきっかけに、高知大学医学部の吾妻健特任教授との出会いがありました。吾妻氏もサワガニのDNAに関心を持っておられたので、DNA分析をお願いできることになりました。

　私たちはさっそく遺伝子分析の資料となるサワガニの採集に入りました。2015年4月6日（物部川と国分川）、7日（松田川と僧都川）、10日（四万十川と仁淀川）、13日（浦尻川と下ノ加江川）の8河川で、162個体（雄77、雌85）を採集しました。

　続いて5月11日に、吉野川の4河川（立川川、白川谷川、松尾川、加茂谷川）に入り、サワガニ30個体（雄12、雌18）を採集しました。（右表）

　吉野川については、以前から特別の関心がありました。なぜ吉野川は北に曲がり、しばらくして阿波池田で直角に近い角度で東に曲がっているのか不思議だったのです。中央構造線がほぼまっすぐに東西に延びていることからすると、吉野川も中央構造線に沿ってずっと流れていてもよいのではないか。もしかして、同じ青いサワガニでも吉野川源流域のサワガニと中央構造線沿い（中流・下流域）のサワガニとでは移動した時期が違うのではないか。吾妻氏から、吉野川が阿波池田で東に曲がる前と曲がった後では哺乳動物で少し生態的違いがあると聞いていたので、遺伝子分析をすることでもしかするとこの点がわかるのではないか、と大いに期待したのでした。

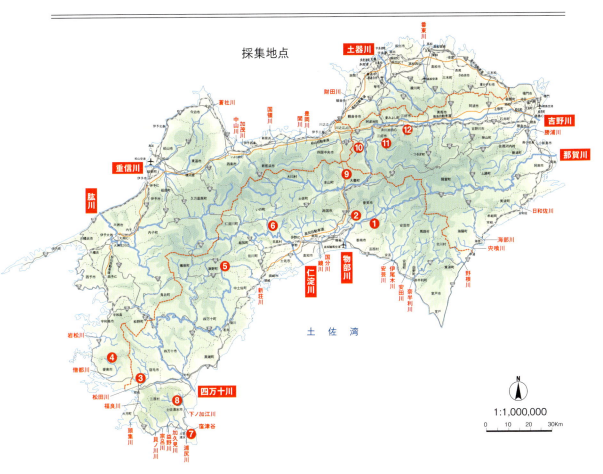

遺伝子分析のための各採集地における採集個体数とその体色

採集地点	流域	地点	雄	雌	BL BL1.2.3	BL BL3'	RE RE1	RE YE	DA DA1	DA DA2	計
1	物部川(西川川)	小川	15	21	10	10			6	10	36
2	国分川(新改川)	東川橋	20	26	10	10	10		10	6	46
3	松田川(京法川)	ふかせ橋	3	7			10				10
4	僧都川(山出川)	山出上	12	8			10	10			20
5	四万十川	船戸・中村	9	11			10			10	20
6	仁淀川(上八八川)	打木	8	2			10				10
7	浦尻川	浦尻	4	6	10						10
8	下ノ加江川	洞ヶ崎	6	4			10				10
9	吉野川(立川川)	住吉神社前	2	8	5					5	10
10	吉野川(白川谷川)	仏子谷	3	2						5	5
11	吉野川(松尾川)	松尾温泉源泉		5	5						5
12	吉野川(加茂谷川)	新田神社前	7	3	5					5	10
	合　　計		89	103	45	20	60	10	16	41	192

DNA 分析でいくつかの疑問に光が差すだろう、そんな期待をもって合わせて 12 か所でのサンプル採集を終え、研究室へ届けました。採集地及び採集個体数は（前頁表）のとおりです。

2015 年 8 月 10 日、吾妻氏から待ちに待った DNA 分析の報告をうけました。

ミトコンドリア DNA による分析結果では、色について「同じ場所に生息している青と暗色との間に遺伝的な隔たりが必ずしも存在しない。むしろ、生息地の離れた同色の個体間に大きな隔たりがあったりする」。言い換えれば、「四国地方におけるサワガニの体色の変異は、ミトコンドリ DNA の変異と必ずしも一致しない」、つまりミトコンドリア DNA 分析では色の違いの説明をすることはできない、ということでした。

《色により遺伝子が異なり、色別に移動してきたのではないか》《同じ色同士はルーツが似ていて、現在の分布状況を科学的に説明することにつながるのではないか》という私たちの期待は砕かれ、疑問はそのまま残されることになりました。

11、青と赤のサワガニが二分しているわけ

他地域と比較してみよう

ミトコンドリア DNA 分析は、私たちが期待する結果ではありませんでした。

「今後、私たちは何をすればいいのだろうか」

みんなで話しあった結果、九州のサワガニ調査に着手することにしました。

すでに鈴木・津田氏による鹿児島県におけるサワガニの体色変異とその分布報告（＊9）にあるように、大隅半島・薩摩半島の南北では、南は青色、北は赤色にきれいに分かれていることがわかっています。高知県では物部川を境に、東部が青色、西部が赤色と、これまたきれいに分かれていました。

「高知と鹿児島が似ているのはなぜなんだろう」

鹿児島県の青色の遺伝子を調べれば、高知県の青いサワガニとの関係がわかるのではないか。ひょっとすると、九州の青と四国の青が遺伝的に同じかもしれない。そして、高知県と鹿児島県の青いサワガニがどうして限られた区域に分布しているのか、もしかしたら解明できるかもしれない……。

そんな期待を持ち、2015 年 10 月 23 日から 25 日にかけて、DNA 分析の資料とするため、宮崎県で 3 か所と鹿児島県大隅半島の 6 か所において 122 個体（雄 45、雌 52、小さい個体 25）のサワガニを採集しました。

採集地及び採集個体数は 79 頁のとおりです。この結果は次のようでした。

・体色について、九州と四国の青、赤、暗色では、色に違いは見られませんでした。

・大隅半島では、青系統と赤系統のサワガニが肝属川水系のある地域を境にして南北に明瞭に別れていて、鈴木・津田氏の報告どおりであることが確認できました。

そして、九州のサワガニの色別分布図を作成しました。（次頁）

九州の青と赤のサワガニの色分布が二分しているわけ？

大隅・薩摩半島において青と赤色の分布がきれいに二分されていることについて、両

サワガニの各採集地における採集個体とその体色（宮崎県・鹿児島県）

地点	流域	地点	雄	雌	BL1.2.3	BL3'	RE1	RE2	DA1	DA2	未満	計
1	北川（大内谷川）	日の谷	5	8					10	3	2	15
2	大淀川（瓜田川）	瓜田ダム上	10	4			14					14
3	肝属川（苫野川）	下名	5	4	6	3					3	12
4	雄川（大竹野川）	大竹野橋	5	7	2				10		4	16
5	雄川（大藤川）	石飛橋	6	7	10				3		3	16
6	肝属川（串良川）	金山橋	2	4			3		3		6	12
7	菱田川（大鳥川）	宮園橋	2	8			10					10
8	菱田川（佳例川）	割子田	3	4			4		3		1	8
9	名貫川	尾鈴キャンプ場入口	7	6			3		10		6	19
合計			45	52	18	3	34		39	3	25	122

15ｍｍ未満は雌雄の区別をしていない

氏は「この分布の境となっている地域は約6,300年前に幸屋火砕流に起因する堆積物の分布北限（日本第四紀学会編,1987）とほぼ一致する。今後は、サワガニ2体色型の分布を地史学的視点から検討すると同時に、両体色型の成長、繁殖、移動能力など、それぞれの生態学的特性を明らかにする必要がある」と述べています。（*9）

　高知県においても、物部川を境に青系統と赤系統が東西に分かれている要因を地史学的視点から解明することはできないだろうか、今後の課題だと思いました。

　2017年2月に、九州地方におけるサワガニの遺伝子分析の報告書を吾妻氏から受け取りました。

　それによると、九州と四国のBL間は遺伝的にはかなり疎遠であり、それぞれ独立起源と考えられるとのことで、九州地方におけるサワガニの色彩の変異はミトコンドリアDNAの変異と必ずしも一致しないことがわかりました。この結論は、四国地方の結果と同様でした。また、九州地方のサワガニ集団を遺伝的に見ると、四国集団に比較的近縁の集団や、千葉、鳥取集団に近縁の集団があり、全体的に混成集団のように見えるが、1クラスター（九州特有グループ）だけが最も古い集団を構成しているのが特徴だ、とのことでした。またしても、私たちの疑問は解明されないままとなりました。

紀伊半島に青いサワガニを求めて

　それでもまだ割り切りができず、紀伊半島の南に青いサワガニがいるとの情報を得ると、

青と赤の境界を明確にするとともに、合わせて今まで見たことがなかった紀伊半島の色別分布図を作るという目標を立て、紀伊半島の調査をすることにしました。

2016年4月1日から3日にかけて宮川、櫛田川、紀の川の7か所、6月3日から5日にかけて有田川、日高川の8か所、9月2日から4日にかけて熊野川、尾呂志川の8か所、10月7日から9日にかけて日置川、那智川、太田川、古座川、富田川の9か所、11月27日・28日にかけて熊野川の2か所において調査を行い、688個体（雄284、雌404）のサワガニを採集しました。（下表）

丸山千枚田で見つけた青いサワガニ

サワガニの各採集地における採集個体とその体色（紀伊半島）

調査地点	流域	地点	雄	雌	BL BL1.2.3	BL3'	RE RE1	RE2	DA DA1	DA2	計
1	宮川	小滝		2						2	2
2	宮川	薗川	10	20						30	30
3	宮川	栗谷	6	18						24	24
4	櫛田川	湯谷	13	12						25	25
5	紀の川	平野	3	7						10	10
6	紀の川	矢立上	1	12						13	13
7	紀の川	志賀	6	10					15	1	16
8	有田川	花園	3	22						25	25
9	有田川	多津橋	5	18						23	23
10	日高川	佐井橋	14	8			12		6	4	22
11	日高川	姉子	12	17			3		25	1	29
12	日高川	舟原橋	8	22			2		28		30
13	日高川	広井原	9	7					9	7	16
14	有田川	宇井苔	10	10					7	13	20
15	有田川	上六川	13	17					29	1	30
16	熊野川	紀美橋	8	20			1		27		28
17	熊野川	西中	7	12						19	19
18	熊野川	小川	7	5						12	12
19	熊野川	出谷	8	18					2	24	26
20	熊野川	丸山橋	9	6					15		15
21	尾呂志川	折戸	9	17			8		18		26
22	熊野川	桐原	9	16			5		15	5	25
23	熊野川	赤木上地	9	6			14		1		15
24	日置川	河原谷	14	16					30		30
25	日置川	温井谷	17	7					22	2	24
26	日置川	小川	10	8					17	1	18
27	那智川	大門阪	6	3					9		9
28	太田川	深ノ谷	4	9					9	4	13
29	古座川	上平	11	20					14	17	31
30	古座川	佐田	7	4					1	10	11
31	富田川	滝尻	16	15			29		2		31
32	富田川	川合	16	11			27				27
33	熊野川	丸山橋下	3	5	2	1				5	8
34	熊野川	千枚田荘下	1	4	2	2			1		5
合計			284	404	4	3	101		302	278	688

34か所での調査の結果、
・紀伊半島の北部と南部は茶色、中央部は赤色、東部の一部において青色のサワガニが生息していることが確認できました。
・ただ尾鷲付近で採集ができなかったことで、丸山千枚田からどの範囲に青色が生息しているのか、境界の確認をすることはできませんでした。

この調査で、地質的に気になることがあります。那智川から丸山川や井戸川、矢ノ川にかけては安山岩などの火山岩地質でした。四国、九州の調査で、青系統のサワガニは、花崗岩の足摺半島、火砕流の影響がある鹿児島・大隅半島、かつて火山活動があった愛媛・石鎚山などに生息していました。ということは、青色の生息は火山作用と関係があるのではと思ったりします。しかし、高知県の青系統のサワガニが生息する物部川から東部にかけては砂岩、泥岩の地質の四万十帯で、火山作用を見ることはできません。これをどう理解したらいいか、また課題が残りました。

12、色の謎の解明へのヒント

　九州と紀伊半島の調査を終えて、再び話し合いを持ちました。

　遺伝子分析を待ちながら自分たちでできることをしようと、色だけでなく、調査しながら取ってきた記録を見直し、サワガニ全体のことを整理してみることにしました。

同じサワガニでも形が違う

　たくさんのサワガニを現場で見ているうちに、サワガニの行動や形態について《気になること》が次々と出てきます。その都度、調査する項目が広がってしまうのですが、不思議に思うと探究するのも楽しくなります。

　同じように見えるサワガニも、甲羅が横に長いのと、そうでないのとがいます。その違いに注目して、調査の途中から甲幅に加えて甲長を計測し、その比（甲幅長比＝甲長÷甲幅）を比べることをしてきました。

甲幅長比：甲殻の形を示すもので本来とび離れた値になるべきものではないので、外傷等による変形のごく特異な例と計測の誤りを排除するために、算出された「比の最大値と最小値の内、その値が単独であり且つその値－0.02 あるいは＋0.02 が存在しない場合には、その最大値または最小値を除外する」ことにしました。

統計処理：数値を比べるときに、《本来別のものなのか：有意差あり》《変動や誤差の範囲なのか：有意差なし》を数理統計の理論に則り判定するものです。

　99％・95％まで合っているはず　⇒　有意水準 1 ％・5 ％と表示

　N：比べる数値の元となるデータの数　‥　少ないと統計処理に不向き

本文の記述の統計検定では、特に付言しない限り、有意水準 5 ％としています。

個体群：厳密な意味ではいろいろな基準があります。ここでは緩やかに考えて《普段の暮らしのなかで接触（けんか・共同・仲良し）があり、繁殖による交流が可能な集まり》とします。

具体的には、一つの河川、小さな河川の寄り集まり、となるでしょう。大きなダムで分断されていたら、一つの川でも二つの個体群と考えたほうが良いかも知れません。

1・雄と雌で差異があるの？

　成体の雄は左右どちらかの大きな鉗脚（ハサミ）を支えるので、雌と比べて甲羅の形に違いがあるのではと、まず同一の個体群の中での雌雄間を比べました。

　大多数の個体群で雄の方がやや横長の傾向を示しましたが、逆の例もありました。また、雄雌間の差異が大きいこともあり小さいこともありました。

　統計処理で雄雌間に有意の差異が認められるかどうか、試しました。いくつかの例を以下に示します。

《差異なしの例》	♂＋♀
加茂川・・BL 系統のみ　⇒　♂♀間に有意差なし	N＝51＋94
岩松川・・RE1 & DA1　⇒　♂♀間に有意差なし	38＋48
香川の3川・・DA1 のみ　⇒　♂♀間に有意差なし	38＋60
《差異ありの例》	
勝浦川・・BL 系統のみ　⇒　♂♀間に有意差あり	35＋54
重信川・・DA1 のみ　⇒　♂♀間に有意差あり	36＋74
僧都川・・YE & RE　⇒　♂♀間に有意差あり	35＋15
那賀川・・BL 系統 & DA1 & DA2　⇒　♂♀間に有意差あり	76＋126

（岩松川の RE2の1 個体は除く）

　この結果を見ると、雄雌間に差異が「ある・なし」はそれぞれの個体群（河川）の特性であると言わざるを得ません。甲殻の色とは関係がないようです。

　河川ごとに具体的に見てみます。

徳島・那賀川の例

　那賀川について、少し詳しく見てみます。

　構成は BL 系統が163 個体で DA 系統が39 個体と、大半を BL 系統が占めています。全個体で検定すると、5％で有意差あり、1％では有意差なしです。BL 系統だけに絞って検定すると、有意水準1％でも有意差ありとなりました。

　つまり、BL 系統では雄雌間で差異が認められたのです。DA 系統では差異なし（N：個体数が少ないのでやや無理がある）ですが、全体で差異ありとなったのは個体数（N）で BL 系統が圧倒的に多かったからでしょう。

　さらに、BL 系統のうち若い（小さい）個体は BL3 の色調を示しがちなので（69 頁参照）、

BL1&2 と BL3 とに分けてそれぞれに検定すると、前者は差異あり、後者は差異なし、と
なりました。雄雌間の差異は大きく育った個体に出ると言えるでしょう。（那賀川は調査
個体数が多かったので、このような検討もできました。）

甲幅長比の雄雌間の差異（那賀川の例）

対比グループ	N		平均値の差	検定結果	
	♂	♀		有意水準5%	有意水準1%
♂と♀（全体）	76	126	0.00760	差あり	差なし
♂と♀（全BL）	65	98	0.00785	差あり	差あり
♂と♀（BL1＆2）	34	25	0.01344	差あり	差あり
♂と♀（BL3）	31	73	0.00264	差なし	差なし
♂と♀（DA1）	10	18	0.00000	差なし	差なし
♂と♀（DA2）	1	10		（検定不適）	

愛媛・僧都川の例

　僧都川には黄色のサワガニ（YE）がいました。しかし、RE もいて、両者の中間もいま
した。全部並べると、区切りが見つかりません。それにおおよそで、YE、中間、RE の三
組に分けても比の値は似通っており、常に雌が大でした。それで甲幅長比の検定には、一
つのグループとして扱いました。
　結果は、明らかに差異ありでした（有意水準5%、1%共に有意差あり）。つまり、雄の
ほうが横長なのです。

九州では

　九州の5河川9地点での調査では、計測した個体数が少ないので統計処理には無理があ
るのですが、一応の検討をしてみると、全体でも、色別でも、雄雌間に有意の差異は認め
られませんでした。
　実際の数値を見ると（次頁表）、苫野川の BL と名貫川の DA は雌の値のほうが小さい、
つまり雌の方が横長、となっています。あとの6河川では雄の方が横長の傾向になってい
ます。しかし、それぞれの雄雌間の数値の差は大きな値ではありません。

甲幅長比の平均値（鹿児島県と宮崎県）

河川名	色系統	♂＋♀	♂	♀
大内谷川	DA	0.792	0.785	0.796
瓜田川	RE	0.795	0.792	0.809
苫野川	BL	0.778	0.781	0.773
大竹野川	DA	0.809	0.808	0.809
大藤川	DA	0.780	0.773	0.787
串良川	DA	0.791	0.788	0.795
大鳥川	RE	0.792	0.800	0.790
名貫川	DA	0.767	0.771	0.764

※名貫川のみ宮崎県

紀伊半島では

　紀の川では雄と雌の値にかなりの開きがありました。さらに、紀の川の西部（紀の川 B）では有意の差異ありとなりました。同東部の場合は差異なしでしたが、個体数（N）が少ないので統計処理に不向きです。

　紀の川以外では、雄と雌の間にあまり差がなく、雄の値の方が低い（横長）傾向があります。ただし、日高川と太田川では逆になりました。

　結論として、各個体群の中で比べると、多くの例で雄のほうが横長であるという数値になり、いくつかの例では統計処理でも有意差ありとなりました。

　しかし、自然とは不可解なもので、逆の例もあるのです。四国では宍喰川が、紀伊半島では日高川と太田川、九州では苫野川と名貫川で、雌の比の値の方が小さい（横長）と、逆になっていました。雄と雌にあまり違いがない個体群では、資料の取り方で逆転もあるのでしょうか。

　いずれにしろ、サワガニの「甲幅長比の雄雌間の差異」は、それぞれの個体群（河川）の特性と捉えることができます。

２・個体群の間で差があるの？

　四国内の 17 の個体群について、甲幅長比の平均値を比べてみると（雌雄をまとめて）、蒼社川の 0.805 が最も大きく、加茂川の 0.765 が最も小さい値でした。そこで、比の平均値の順に並べて、平均値、最大値から最小値までの幅、雄と雌の各平均値を図示してみました（次頁図・上）。

甲幅長比を比べる（四国）

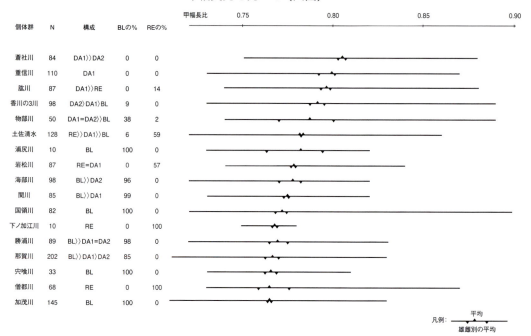

甲幅長比の母平均値を個体群間で比べる（四国）

	蒼社川	重信川	肱川	香川3川	物部川	土佐清水	浦尻川	岩松川	海部川	関川	国領川	下ノ加江川	勝浦川	宍喰川	那賀川	僧都川	加茂川
N	84	110	87	98	50	128	10	87	98	85	82	10	89	33	202	68	145
構成	DA1>>DA2	DA1	DA1>>RE	DA2>>DA1>>BL	DA1&2>>BL>>RE	RE>>DA>>BL	BL	DA=RE	BL>>DA	BL>>DA	BL	RE	BL>>DA	BL	BL>>DA	RE & YE	BL
BLの%	0	0	0	9.08	38	5.75	100	0	95.92	98.82	100	0	97.75	100	84.65	0	100
最多の%			86.21			59.38											
蒼社川																	
重信川	△																
肱川	×	○															
香川3川	×	×	○														
物部川	×	×	×	○													
土佐清水			×	○	○												
浦尻川				○	○	○											
岩松川				×	×	○	○										
海部川				×	×	△	○	○									
関川	×				×	×	○	○	○								
国領川					×	×	○	○	○	○							
下ノ加江川					×		×	○	○	○	○						
勝浦川					×		×	×	×	△	○	○					
宍喰川					×		×	×	×	×	○	○	○				
那賀川					×		×			×	△	○	○	○			
僧都川					×		×			×	△	○	○	○	○		
加茂川					×		×			×	×	○	○	○	○	○	

凡例
○：差異なし
△：10%で差異あり
×：差異あり　　差異ありを予想

※個体群間を比べるに当たり個体群の規定にこだわりました。サワガニの交流が予想される、甲長比の値が似ている、の二条件を満した近隣の小河川、すなわち（益野川、宗呂川、貝ノ川、福良川、頭集川、加久見川）を［土佐清水］、（財田川、土器川、香東川）を［香川の3川］としてくくり、一つの個体群としました。

この図から以下のことが読み取れます。

・全体の平均値は 0.805 から 0.765 の間にある。

・数値の順に並べると、ほぼ連続的になっている。

・雄と雌の平均値は全体の平均値を挟んであり、15 の個体群では雌が大きく、宍喰川と下ノ加江川では逆転している。

・雄雌間の平均値の差異は、大きい場合も小さい場合もある。

　さらに、比の値について、個体群間で「母平均の差」を統計処理で検討しました（前頁表・下）。比の平均値が近い個体群間では「差異なし」、離れた個体群間では「差異あり」となりました。

　地理的に近い、あるいは離れていることが比の値に「差異なし」や「差異あり」をもたらしているでしょうか。蒼社川、重信川、肱川は地理的に近く、比の値も接近しています。しかし、この 3 河川に近い加茂川とは、比の値が大きく離れています。また、浦尻川、岩松川、海部川は地理的に遠いのですが、比の値は接近しています。

　つまり、《地理的に近い個体群間で比の値が似る》とは言えないのです。甲幅長比の値は個体群それぞれが持つ特色で、それを決めるのはやはり核 DNA のはずです。

個体群の中で色系統による違い

　前頁表（下）に、各個体群の色系統の構成と BL 系統と RE 系統が占める割合（％）とを加えてみると、BL 系統が多い個体群で比の平均値が低い（甲殻が横長）傾向が見られます。RE 系統が比較的多く含まれている「土佐清水・岩松川・下ノ加江川・僧都川」の 4 個体群を除いてみると、BL 系統が占める割合が多いほど甲幅長比の平均値が低いことがより明瞭に見えてきます。

　その裏返しとして、DA が多いほど甲幅長比の平均値が高くなっています。言い換えれば、青いサワガニは暗色のサワガニよりも横長だということです。

　データが少ないのですが、同様に RE 系統（YE を含む）も DA 系統より横長の傾向にあります。

　《BL 系統や RE 系統を多く含む個体群は、DA 系統を多く含む個体群よりも横長である》ならば、個体群内で DA と BL または RE を比べたらどうなっているのでしょうか。

　物部川（DA1 ≒ DA2>>BL）と岩松川（RE ≒ DA1）での甲幅長比の平均値を改めて見てみます。

		♂＋♀	♂	♀
物部川	BL 系統	0.773	0.763	0.785
	DA1	0.784	0.780	0.788
	DA2	0.799	0.785	0.805
岩松川	RE1	0.778	0.775	0.780
	DA1	0.778	0.781	0.777

　物部川では BL が、特に雄の数値が、より横長であることを示しています。統計では、雄＋雌でも雄のみでも有意の差異があります。つまり BL の方が明らかに横長です。

　岩松川の RE1 と DA1 の間に有意差はありませんでした。また、蒼社川と物部川間で比べると全体では有意差ありですが、DA 系統だけで比べると有意差は認められませんでした。

　以上のことを考え合わせると、《甲幅長比は、個体群間に多少の差異があり、統計処理で有意差が出ることもある。同一個体群の中では、DA 系統よりも BL 系統や RE 系統の方が多少とも横長になる》と言えるでしょう。

　紀伊半島では 13 河川の 34 地点を調査しました（81 頁図参照）。紀の川の平野⑤（○赤地の白ヌキ数字は調査地点番号、以下同じ）は矢立上⑥、志賀⑦の 2 地点とは遠く離れています。これを同一の個体群とするのははばかられます。また、宮川の栗谷③と櫛田川の湯谷④は距離も短く、その間を隔てる峠は険しくなく、「がにごえ」を思わせるので、同一の個体群と考えました。また、同じ個体群とはしませんでしたが、有田川の宇井苔⑭と日高川の姉子⑪とは近くて、サワガニの交流が予想されます。

　このような考え方を下敷きにして、調査した地点を以下のようにグループ分けし、そこにすむサワガニを一つの個体群と位置づけて形態の違いを検討してみます。

　宮川・櫛田川①②③④

　紀の川 A ⑤

　紀の川 B ⑥⑦

　有田川⑧⑨⑭⑮

　日高川⑩⑪⑫⑬

　富田川㉛㉜

　日置川㉔㉕㉖

　古座川㉙㉚

　太田川・那智川㉘㉗

　熊野川 A・尾呂志川⑯⑰⑱㉓㉑㉒

　熊野川 B ⑲⑳㉝㉞

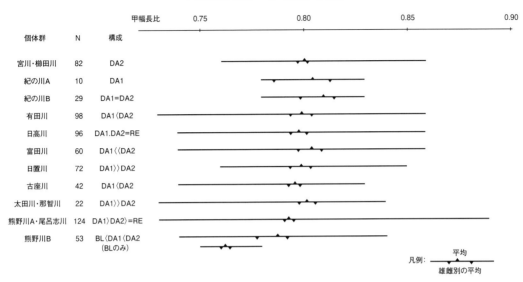

　比の平均値は 11 グループ（個体群）のうち、熊野川 2 グループでは 0.793 と 0.788 で、あとの 9 グループでは 0.796 から 0.810 の間にありました。熊野川の数値は四国の BL 系統が多い個体群のそれと似た値であり、あとの 9 グループのは四国の DA 系統が多い個体群の値と似ています。

　紀伊半島の 5 回目の調査では、初めて丸山千枚田付近で BL の雄が 4 個体と雌が 3 個体見つかりました（内 1 個体は死骸）。それらの甲幅長比は、雄で 0.77　0.75　0.77　0.79、雌は全て 0.81 でした。個体数が少ないので統計処理には不向きですが、雄の数値はかなり低い値です。つまり、紀伊半島でも BL 系統のサワガニ、ことに雄は横長と言えそうです。

3・歩脚の毛の長さの違いは何を物語る？

　「サワガニの歩脚の毛が DA 系では多く、BL 系では少ない」という報告（*8）があり、これ確かめようと肢（歩脚）の毛に注意を向けました。
　よく観ると、密度の多寡もありますが、長さが変化に富んでいます。
　毛の長さを、
　　　長い（LL）：歩脚の幅の 1/3 以上
　　　やや長い（L）：同 1/3～1/4
　　　普通（N）：同 1/4 程度
　　　短い（S）：点々に見える
の 4 段階に大分けして記録しました。とは言え、毛の長さの変化は連続的で、厳密な区別はできません。

いくつかの例を次に示します。

甲殻の色とは関係なく、個体群間に差異があるようです。四国の東部には毛の短いサワガニが多く、西部には長い毛を付けた肢のあるサワガニが多く見られました。ことに、足摺付近には肢の毛が大変長いサワガニがいます。そして、中央部ではやや長い毛のサワガニがいるようです。

サワガニの肢の毛

歩脚の毛のいろいろ

短い（S）

普通（N）

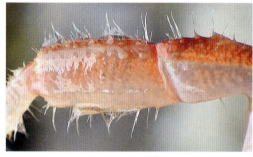

やや長い（L）

長い（LL）

歩脚の毛の長さ

河川名	支川名	色	歩脚の毛			
			長い	やや長い	普通	短い
那賀川	折谷川	BL			8	5
	高の瀬川	BL			6	22
		DA1			1	
		DA2		3	10	2
勝浦川	棚野	BL			6	22
		DA1		1		
		DA2		1	1	
	藤川谷川	BL				17
		DA1				1
物部川	西川川	BL		1	10	9
		DA1			1	5
		DA2			2	8
	日御子川	BL				9
		RE1				2
		DA1				8
		DA2			1	11
国分川	新改川	BL				9
		RE1				2
		DA1			1	8
		DA2				11
仁淀川	上八川川*	BL				
		RE1	3	14	9	
		DA1		13	9	2
松田川	京法川	RE1	10			
僧都川	山出川	RE1	19	1		
四万十川	本流	RE1	9	1		
		RE2	8	2		
浦尻川		BL	9		1	
下ノ加江川		BL	10			

＊上八川川の上流部を調査した時点では、毛を観察していない

4・独自の系統樹を作ってみた

　四国の 9 河川 12 地点で採取したサワガニの資料をミトコンドリア DNA 分析した結果、吾妻氏は 30 のハプロタイプがあり、それらの系統関係を明らかにし、以下の 3 組の大きなグループに分かれることを示されました。

　　四国特有グループ：S▌（これまでに四国以外の地域で発見されておらず、四国の資料で初めて定義されたハプロタイプの集まり）

　　東京・千葉グループ：T▌& C▌（東京あるいは千葉で採取された資料で、最初に定義されたハプロタイプの集まり）

　　鹿児島グループ：K▌（鹿児島で採取された資料で、最初に定義されたハプロタイプの集まり）

ミトコンドリアDNAによる

資料の採集場所：吉野川では複数地点で採取、
歩脚の毛：LL・長い　L・やや長い

母系統樹 グループ	ハプロタイプ	Gd	資料の採取場所	BL	RE	DA1	DA2	歩脚の毛	甲幅長比
S	4	2	国分川			2		N1 L1	
		4	僧都川		10			L1 LL9	0.763
S	7	3	松田川		2			LL2	
S	6	3	松田川		3			LL3	0.769
S	19	7	浦尻川	1				L1	0.782
		8	下ノ加江川		4			LL4	0.774
S	17	7	浦尻川	2				LL2	
		8	下ノ加江川		1			LL1	0.763
S	18	7	浦尻川	1				LL1	
S	22	7	浦尻川	1				LL1	
S	20	7	浦尻川	1				LL1	
S	23	7	浦尻川	1				LL1	
S	24	7	浦尻川	1				LL1	
S	25	7	浦尻川	1				LL1	
S	21	7	浦尻川	1				LL1	
S	5	2	国分川			1		L1	
S	9	4	僧都川		1			LL	
S	30	11	吉野川-M	1				S1	
S	2	1	物部川	1				N1	
S	1	1	物部川	13		4	1	S11 N6 L1	0.787
		2	国分川	13				N7 L5 *	0.748
		9	吉野川-T	4			1	S5	
		11	吉野川-M	4				S4	0.722
		12	吉野川-K	5				S5	

※
（次頁※印へ続く）

＊毛の長さ不明が 1 個体あり

改めて考えてみると、色や形態にかかわる遺伝子はミトコンドリア DNA の中には存在せず、核 DNA とかかわっているのです。そうだとしても、ミトコンドリア DNA 分析から色別の分布や形態の違いに関する疑問を解明できないものだろうか。

悩んだ末、遺伝子分析の結果は結果として、これまで色や形態（甲羅の幅や毛の長さ）を調査してきた記録を吾妻氏の遺伝子分析図に重ねて、私たち独自の分析をしてみようと試みることにしました。そして、吾妻氏が示されたミトコンドリア DNA によるハプロタイプの系統樹に、色・甲幅長比・歩脚の毛の長さを重ねた「ミトコンドリアによる母系系統樹と形態の対比」（下図）を作成しました。

母系系統樹と形態の対比・四国

アルファベットは地点の記号／色系統：数字は個体数
N・普通　S・短い（数字は個体数）／甲幅長比：数値は該当河川での平均値

グループ	ハプロタイプ	Gd	採取場所	BL	RE	DA1	DA2	歩脚の毛	甲幅長比
T	3	1	物部川			1	4	S4 N1	0.802
		2	国分川	1	5	2	5	N2 L11	0.789
		4	僧都川		2			LL2	
		9	吉野川-T	1			3	S3 N1	
T	8	4	僧都川		1			LL1	
	Tokyo								
T	11	5	四万十川		5		3	L2 LL6	0.761
	Chiba								
C	16	6	仁淀川		1			LL1	
		10	吉野川-S				1	S1	
		12	吉野川-K				4	S2 N2	0.799
C	29	10	吉野川-S				1	S1	
K	12	6	仁淀川		1			LL1	
	Kagoshima								
K	26	9	吉野川-T				1	S1	
K	15	6	仁淀川		1			LL1	
K	27	10	吉野川-S				2	S2	
K	10	5	四万十川				2	LL2	0.769
K	13	6	仁淀川		1			LL1	
K	14	6	仁淀川		1			LL1	
K	28	10	吉野川-S				1	S1	

この図から疑問のいくつかを解明できないか、検討してみました。

四国の事例から

四国の系統樹を見てみます。

サワガニには、甲羅の形が矩形に近い（甲幅が狭い）のと、台形（甲幅が広い）のとがあるように思えてきたので、甲幅長比を数値化して統計処理した結果、個体群間で、また色によって、違いのある例も見つかりました。これは遺伝子と関連している、といえるのではないでしょうか。

しかし、作成した図を見てもハプロタイプごとに数値のばらつきがあり、一定の傾向は見つけられません。また、ハプロタイプ間の異同を統計的に検証するには資料個体数（N）が不足しています。

歩脚に目を向けると、毛の密度よりも、その長さがさまざまであることに気づきました。毛の長さについては数値化できず、目視の判定に留まりましたが、色とは関係なく個体群ごとに一定の傾向を示したのです。大づかみで言えば、四国の西部には毛の長いサワガニが、東部や中部では毛が短いサワガニ多いのです（89・90頁参照）。

四国特有グループSのうち、足摺周辺の4河川（浦尻川、僧都川、松田川、下ノ加江川）では、

ミトコンドリアDNAと母系の系統樹：ミトコンドリアは細胞の中にある小器官で、生命発生の過程で、今の細胞を基準にした生物（真核生物）ができたときに、別の「生物」を取り込み、そのエネルギーを生み出す働きを得たとされています。そして現在にいたっても、ミトコンドリアは細胞の中で独立しています。

今の生物たちは、子孫を残すときにミトコンドリアを卵細胞だけから伝え、精子や花粉細胞からは伝えていません。また、ミトコンドリアが持つDNAは、細胞の核が持つDNAとは違っています。核DNAがその生物の機能や形態のほとんどを決めているのです。

ミトコンドリアDNAは、比較的簡単な形をしているので、分析がやりやすい面があり、親子の関係を辿るのに好都合です。ただし、雄からは伝わらないので、分析の結果として「母系の家系図」を創る事ができます。

ハプロタイプ：DNAは、簡単に表現するなら、特殊な化学構造をもった「塩基」という物質が鎖状につながったものです。塩基には4種類あり、その並び方（配列）が全て同じなら「同一のDNA」ということになります。ミトコンドリアDNAの分析では、その配列を調べて塩基配列が完全に同じDNAを持った生き物の集まりを1つのハプロタイプとします。

遺伝情報も塩基配列に託されています。突然変異とは、この塩基配列が変わることです。ミトコンドリアDNAで突然変異が起きても、たいていは生命維持とは関係がないので、ほとんど全ての突然変異が子孫（母系）に伝えられます。伝えられた塩基配列の違いで血縁関係の遠近が解析されるのです。ごく少しだけ塩基配列が違っているハプロタイプどうしは近縁であり、その違いが多ければ近縁でないということになります。近縁のハプロタイプをまとめてグループを定義します。

いずれのハプロタイプでも毛が長い（LL）サワガニです。ここで注目したいのは、ハプロタイプ4の例です。同じハプロタイプでありながら、僧都川では長い（LL）とやや長い（L）であり、足摺からは遠く離れた国分川ではやや長い（L）と普通（N）となりました。ハプロタイプ5と9はごく近い関係にあります。ハプロタイプ5の国分川はやや長い（L）、9の僧都川は長い（LL）です。これも同様の状況を示しています。同じないし近い母系統でありながら、毛の長さの遺伝子が異なるサワガニが2河川に分かれて生息しているのです。

　吉野川、物部川、国分川では大半が毛は普通（N）や短い（S）サワガニです。そして、足摺周辺のとはやや離れた母系等のハプロタイプ30、2、1に属しています。

　東京グループTを見ましょう。ハプロタイプは3、8、11です。僧都川と四万十川は長い（LL）で、物部川、国分川、吉野川は普通（N）ないし短い（S）です。ことにハプロタイプ3では僧都川だけが長い（LL）となりました。

　千葉グループCと鹿児島グループKは、吉野川、仁淀川、四万十川の3河川にしか出現していませんが、いずれのハプロタイプでも、吉野川はほとんどが短い（S）で、仁淀川と四万十川では長い（LL）です。この場合もハプロタイプとは関係なく、河川ごとに一定の傾向を示しています。

　このように見てくると、ミトコンドリアDNAによる母系等のハプロタイプとは関係なく、《四国の西部には毛の長いサワガニが、東部や中部では毛が普通ないし短いサワガニ多い》、ということになります。

　毛の長さは核DNAとかかわっているのでしょうが、東・中部で生息しているサワガニには長い（LL）にならない遺伝子だけが、西部では長い（LL）になる遺伝子だけが伝えられてきたことになります。なんとも不思議な思いがします。

九州の事例から

　九州ではどうなのでしょうか？

　九州の6河川9地点で採集されたサワガニの試料をミトコンドリアDNAによる分析をした結果は、四国地方における遺伝子分析と同様の結果となりました。

　そして、吾妻氏はハプロタイプを分け、以下の3組の大きなグループに分かれることを示されました。

　　九州特有グループ：1■（これまでに九州以外の地域で発見されておらず、九州の資料で初めて
　　　　　　　　　　　　　定義されたハプロタイプの集まり）

　　東京・千葉グループ：2■（東京あるいは千葉で採取された資料で、最初に定義されたハプロ
　　　　　　　　　　　　　タイプの集まり）

　　鹿児島グループ：3■（鹿児島で採集された資料で、最初に定義されたハプロタイプの集まり）

ミトコンドリアDNAによる

色系統：数字は個体数／歩脚の毛：LL・長い
数字は個体数、YO（若齢個体）では不明が多い

母系系統樹	遺伝情報		Gd	資料の採集場所	色 系 統						歩脚の毛
	グループ	ハプロタイプ			BL	RE	DA1	DA2	YO	他	
	2	41	9	名貫川		2	5		6		L6 N2
			1	北川					1		N1
		65	8	菱田川・宮		2					N1 L1
		56	5	雄川・石	1						N1
			3	肝属川・下	1						11
		49	4	雄川・大	1						不明
			5	雄川・石	4				2		N4
		57	5	雄川・石	1						N1
		58	5	雄川・石	1						N1
	四国C	16 29									
		61	6	肝属川・金		2					S2
			7	菱田川・宮		2					N2
		59	5	雄川・石	1				1		L1
		50	3	肝属川・下	3				1		S3
		42	2	大淀川		5					S2 N2 L1
		47	2	大淀川		1					L1
		46	2	大淀川		1					L1
		45	2	大淀川		1					S1
		43	2	大淀川		1					不明
		44	2	大淀川		2					S1 L1
	四国T	3 8 11									

※
（次頁※印へ続く）

母系系統樹と形態の対比・九州

L・やや長い　N・普通　S・短い
／四国C、T、K、Sに続く数字はハプロタイプ

	遺伝情報			資料の	色 系 統						
（前頁※印へ続く）	グループ	ハプロタイプ	Gd	採集場所	BL	RE	DA1	DA2	YO	他	歩脚の毛
	3		6	肝属川・金					1		S1
		63	7	菱田川・宮	2						N1 L1
			8	菱田川・割	1	1			1		S2
		51	3	肝属川・下	1						S1
		37	1	北川			1				N1
		67	9	名貫川			1				L1
		38	1	北川			3				L2 N1
		39	1	北川			2	1			N2 L1
		66	9	名貫川			2				N1 L1
	K			Kago						1	
	四国K 5 6 9 10										
		53	3	肝属川・下	1				1		S1
			5	雄川・石	2						S2
		48	3	肝属川・下	1						S1
			4	雄川・大					1		
		40	1	北川			2	2	1		S2 N2
		54	4	雄川・大	1						S1
		52	3	肝属川・下	2				1		S2
			5	雄川・石	1						N1
		62	6	肝属川・金		1					S1
			7	菱田川・宮		1					L1
		64	7	菱田川・宮	4						N3 L1
			8	菱田川・割		1					S1
	四国S 1 2 3 4 7 8 9 11 12										
	1	60	6	肝属川・金			1		1		S1
		55	4	雄川・大			3				N2 L1

私たちは、「九州におけるミトコンドリアDNAによる母系系統樹と形態の対比」に、四国の系統樹を重ねた図（次頁）を作成しました。

　四国同様に、この図から何が見てとれるか検討してみました。

　全調査を通して、歩脚の毛は長い（LL）は認められず、普通（N）と短い（S）が多く、やや長い（L）が少し混ざっているといったところです。そして、1つのハプロタイプの中にこの3者が混在している例もあります。ハプロタイプ42は3者混在です。ハプロタイプ44は短い（S）とやや長い（L）ですが、調査個体数が多くなれば3者混在になるでしょう。河川別に見ると、肝属川は全て短い（S）、北川は長い（L）と普通（N）、大淀川、雄川、菱田川は3者混在です。

　九州では、肝属川で偏りが見られるだけで、特化したことはあまり見られませんでした。

サワガニは歩いて移動した⁉

　前々からサワガニの色からサワガニの移動が見てとれないか、と思ってきました。でもなかなかミトコンドリアDNA分析からは読みとることはできません。それでも今回の分析から得られたハプロタイプを利用して、サワガニの移動が見えないか、と考えました。

　まず、九州の系統樹から移動を見ると、ハプロタイプ41の名貫川と北川は同じ遺伝子ということで、この間の移動があったことが考えられます。96・97頁の図から、九州の東京・千葉グループのハプロタイプ42の大淀川と四国の東京・千葉グループのハプロタイプ8の僧都川のサワガニは近い遺伝子です。また、九州の鹿児島グループのハプロタイプ66の名貫川と四国の鹿児島グループのハプロタイプ12の仁淀川は近い遺伝子です。

　ということは、九州と四国間での移動があったことが見てとれるのではないでしょうか。サワガニの移動ルートの分岐を考えると、九州から四国へと移動があったと思われます。

　四国の系統樹（92・93頁図）を見ると、四国特有グループSのハプロタイプ1には、物部川、国分川、吉野川の青色が該当しています。つまり、物部川、国分川、吉野川の青い色のサワガニは同じDNAということです。物部川、吉野川は全域が青色系統の河川ですが、国分川は上流部にだけに青色が生息し、中流、下流域は赤系統の河川です。

　ところで、国分川の上流部は山を越えると吉野川の支流・穴内川が来ています。ということは、吉野川の青いサワガニは分水嶺を越えて赤系統の国分川に侵入してきた、という可能性を疑わせます。

　同様に赤系統の河川でありながら上流部だけに青色が生息している河川に、仁淀川と鏡

川があります。これらの2河川は赤系統と青系統の境界に位置しています。

　火山活動や地殻変動がたびたび繰り返されるなど自然環境が変化する中で、越えることが可能な個所でサワガニが歩いて移動した可能性があります。

　その支流の先にすむ青いサワガニが分水嶺を越えて、赤系統の河川の上流に移動してきたのではないか、そう思わせる地名があります。それが、今に残る「蟹越（がにごえ）」です。

　1つは、高知市土佐山蟹越です。高知市と南国市との境にある集落の名前で、そこは南国市側は国分川上流、高知市側は鏡川の上流になります。

高知市土佐山蟹越

　もう1つは、いの町中追（なかおい）ガニ越で、いの町側は勝賀瀬川上流、高知市側は鏡川上流になります。

いの町中追ガニ越

　こうした地名から、サワガニが峠を越えて移動していたことが想像されるのです。

5・謎のこれから

キーワードは"青" ── なぜ青いサワガニは太平洋側の半島にいるのだろう？

　これまで仁淀川に地質図を重ね、サワガニの色を重ね、遺伝子の系統樹を重ねるなど、得た資料を次々に重ねていきました。これを見れば、四国では青と赤にサワガニがきれいに二分していて混在していないことや、足摺半島に青いサワガニが生息していることがわ

かります。また、「蟹越」などの地名は付いていませんが、香川県の土器川、香東川に青いサワガニがいたことは、徳島県の吉野川から青いサワガニが山越えしてきているのではないかと推測できないことはないとさえ思えます。

　どうしてこんな状態になっているのでしょうか？　そして、私たちは今後、どうすればいいのでしょうか？

　色での大きな疑問に青いサワガニの分布があります。物部川を境に青いサワガニは東部に生息していますが、なぜか高知県西部の足摺にだけ青色のサワガニが生息しているのです。なぜ、青いサワガニは東西に二分しているのだろうか。

　採集した足摺半島の浦尻川の青いサワガニの DNA を見ると、青 10 匹で 9 つのハプロタイプ 17・18・19・20・21・22・23・24・25 に分かれています。(92 頁図)

　高知県東部の青と足摺の青は同じ DNA でない、ということがこのハプロタイプの図でわかります。吾妻氏によると、このことから足摺半島の青いサワガニは長期的に隔離された環境で進化してきたことがわかる、とのことです。

　ということは、高知県東部の青と足摺の青は同一の祖先に由来するものの、自然環境の変化や地殻変動で足摺半島と物部川の東部とに分断され、そこで別々に進化してきたのではないか、と考えることができます。そして、「長期に隔離される」という条件は、足摺半島がかつて島であったのではないか、その後、現在のような半島になった、と想像することも可能になります。

　同じような悩みに毎回ぶつかります。思うに、これまでのミトコンドリア DNA 分析に変わる核 DNA 分析が必要ではないかとは思いますが、これはとても私たちの手には負えません。しかし、私たちが直接できることもあると思います。それは、地史学的視野から色の分布状況を突き止められるかもしれない、ということです。

　それには、青いサワガニがキーポイントになると感じています。青色のサワガニは、房総半島南部、伊豆半島、紀伊半島南部の一部、四国の東部と足摺半島、大隅・薩摩半島の南部、屋久島などに生息しているということがわかっています。これらの地域はいずれも日本列島の太平洋側の地域です。

　なぜ、このような地域に限り青色が分布しているのでしょうか？

　そう考えると、私たちが作成したサワガニの現在の分布図は、歴史の過程の一瞬にすぎないものかもしれない、と思えてきます。

　小さなサワガニたちが示している現在の状況は、ひょっとすると大きな地球のドラマが生み出したものなのでしょうか。そう思うと、夢とロマンが尽きなくなってきます。

DNA夢物語 —— なぜ青色が生まれたのだろう？

　四国、大隅半島、紀伊半島を調査してわかったこと、それは青系統と赤系統とはほとんど混在しないけれど、暗色系統はいずれにも混在している、ということでした。このことから、暗色系統のサワガニがサワガニという種の原型である、という仮定が生まれます。九州のミトコンドリア DNA の分析結果の中で、グループ１（九州特有）のハプロタイプ６と４は古い時代にできたもので、その後、変わることなく現在までそのまま伝わってきました。そのハプロタイプに位置づけられたサワガニが暗色系統であることは、この仮定を支持していると思います。

　その上で、何らかの「こと」が起きて、暗色系統から青系統や赤系統に変化した、という一つの仮説を設定してみます。

　「こと」とは何でしょう？　青いサワガニはいつ現れたのでしょう？

　青いサワガニは茹でても赤くならない。その理由として《食餌として摂り入れられた β －カロテンからアスタキサンチンへの体内合成がされていない》と知ったときに（28 頁参照）、これは遺伝情報とかかわりがあると考えました。つまり、体内合成で働く酵素がいくつかあるはずですが、そのうちのどれか、またはいくつかが欠如しているのでしょう。そして、体内合成の酵素を正確に作り出すのが DNA の働きです。しかもそれは、核 DNA なのです。

　青いサワガニは、核 DNA に変化（突然変異）が起きて出現しました。遺伝学の教科書を見ると、「細胞分裂で DNA が複製されるさいに、しばしば突然変異が起きる。生命維持にかかわるような突然変異ならば、その細胞は死滅し、変異がおきた DNA が子孫に伝わることがない。生命維持に問題のない変異ならば、そしてその細胞が生殖細胞ならば、子孫に伝わる」というような記述があります。青系統をつくりだしたこの突然変異は、子孫へ伝わったのです。

　結果として、青いサワガニ生じるのは、一連の体内合成にかかわる酵素を支配する核 DNA のうちで、たった一つの DNA の変異、複数の DNA の変異、の両方が考えられます。（もしも酵素が一つならば DNA の変異は一つですが、たぶんこれはないでしょう）また、複数の酵素がかかわっているとして、いずれの酵素が欠如しても青色系統になるはずです。

　さて、私たちが知ることのできた系統樹は、ミトコンドリア DNA 分析によるものです。ミトコンドリア DNA には、体内合成にかかわる酵素を支配する遺伝情報はありません。しかし、ミトコンドリア DNA が伝えられると同時に核 DNA も伝えられるのですから、一つのモデルとして《ミトコンドリア DNA は核 DNA を乗せた船として母親から子供に伝わる》と想定します。ミトコンドリア DNA は、核 DNA と比べると極めて小さいのです。

ですから小さいものに大きいものが乗るがのごとく、ミトコンドリアDNAを船に例えるのはまことにおかしなことですが、ここはあくまで夢物語としての話です。ミトコンドリアDNAは常に母系で伝わりますが、母ガニの持っている核DNAの半分はその父親から受け継いだものですから、雄の遺伝情報が排除されているわけでは決してありません。

　この視点から、もう一度の物部川（92・93頁図）を見てみます。19個体が四国特有グループ（S）のハプロタイプ1と2に位置づけられました。そのうち14個体がBLで、5個体がDAです。遠い祖先のどこかで突然変異が起き、その核DNAがミトコンドリアDNAという船に乗って現在まで伝えられたのです。物部川のサワガニは東京グループ（T）に属するハプロタイプ3にも5個体位置づけられており、これはすべてDAですので、遠い祖先に突然変異が起きていないのでしょう。この後に、ハプロタイプ3に属するDAの雌とハプロタイプ1か2に属する雄との交配が進めば、ハプロタイプ3に属するサワガニにも青色になる核DNAが伝えられ、BLが出現することになるだろう、と想定することが可能です。なお、ハプロタイプ3に位置づけられたサンプル数が少ないので、本当にDAだけと言えるのかは疑問です。

　同様に、国分川を見てみます。国分川のサワガニの主体はREとDAで、上流域にだけBLが見られました。ハプロタイプ1の13個体は全てBLですが、これが上流域のサワガニであり、物部川と同一のハプロタイプ1です。これは、物部川と同じ起源の一群と見ることができます。もう一つも、物部川と同じハプロタイプ3に位置づけられたサワガニたちです。ところが、国分川にはREがいるのです。REになる核DNAを乗せた船（ミトコンドリアDNA）も国分川へたどり着いたようです。そのすぐ東の川、物部川へはそうした船が届かなかったのでしょうか。

　母系でたどると、ごく近縁のサワガニが生息している2河川（物部川と国分川）とが、青系統と赤系統の分布境界になっているというのも、気になる現実です。

　国分川と愛媛・僧都川は地理的に離れていますが、同じハプロタイプ3に位置づけられた、また近縁のハプロタイプ5と9に位置づけられたサワガニが生息しています。ハプロタイプは同じないしごく近縁なのに、毛の長さは僧都川では長く、国分川では長くありません。それぞれの河川へ向かった同じミトコンドリアDNAの船に、毛の長さを決める別々の核DNAが乗せられていたようです。この、地理的に離れた2河川（国分川と僧都川）に近縁のサワガニがいて、しかも毛の長さには違いがあるというのも、気になる現実です。

　遺伝学の立場からすると、「青色になるDNAは突然変異を起こしやすい性質があり、どこででもしばしば起きる。そして何かの環境要因で淘汰されて、BLが生き残り、あるいは生き残らない」といった想定もできます。

それならば、高知県のすべての川で同じ突然変異が起きているはずです。淘汰の結果、BL を残す、あるいは、なくす環境要因とは何でしょう？　高知県の東部では残す環境要因が、西部ではなくす環境要因があったというのでしょうか？　大隅・薩摩半島の南北にそれぞれ高知県と同様の環境要因が存在したのでしょうか？　……私たちにとっての答えは遠くへ離れて行くばかりです。

　色や形などの形態と、ミトコンドリア DNA で示される血縁の遠近とが、かみ合わない現実をなんとか納得するには《ミトコンドリア DNA は核 DNA を乗せた船として母親から子供に伝わる》という夢物語の扉を開けてみたくなります。そんな夢の続きがあることを願っています。

● あとがきに代えて

サワガニの色に魅せられた「カニ友」たち

　私たちは、青いサワガニの存在に驚きましたが、あまりにも多様な色があるのにも驚きました。その色は見れば見るほど美しいのです。あっと言う間にとりこになったサワガニの色、その色はどのようにして決まるのでしょうか？
　食べているもの？
　すんでいる場所？
　親から伝えられた遺伝子？

（調査後リリースして）"いやー、こわかったねえ"

　あるいは、いくつかの要素が組み合わさって決まるのでしょうか。色は変わっていくことはわかりましたが、調査しながら湧いた疑問は未だ解決されないままです。
　それにしても、いったいサワガニは、その色で私たちをとりこにして、なにを語らせたかったのでしょう？そして、そのサワガニたちの「声」を私たちはしっかり聞くことができたのでしょうか？
　サワガニが私たちをして伝えたかったこと、それは自分たちの色の美しさでしょうか、人がどんどん住処(すみか)の近くまで来て自然も荒れ住みにくくなっている警告でしょうか、それとも生命の歴史はずっと引き継がれているのだよというドラマを伝えたかったのでしょうか。
　いえいえ、私たちが感じた、身近にある疑問や興味が大事なんだという忘れがちなことを思い出させよう

"この人たち、何しに来たのかな"

"おっと危ない、卵を落とすとこやった"

"ここはどこ？ あれ、捕まったのかな"

としてくれたのかもしれません。

　謎や不思議を追いかけるにしても、すべては「カニ友」なくしてありえませんでした。
　「天海に通ずる仁淀川探検記」の水生生物班から出発したサワガニの調査隊ですが、互いに「カニ友」と呼び合ってきました。サワガニを探し、見つけたら、色、大きさ、その他の特徴、調査場所などを記録し……という作業は随分と面倒でもあり、2人でやっても息切れしそうになりました。幸いにも、サワガニを上手に捕らえる2人が参加するようになってからのちは、効率のよい質の高い作業になりました。調査隊が常時4人にならなかったら途中で挫折したかも、という思いがあります。
　そんな「カニ友」はサワガニ以外にもいろいろ興味・関心のアンテナが高く、いろんな趣味を持っています。その一端を紹介したいと思います。

■ 山岡 遵(じゅん)　サワガニ調査隊長。地質・地形の変化とサワガニの関係に興味をもつ。

仁淀川の宝を探して

　「おおのたまらん探検隊」を主宰し、日々怪しげに行動しています。隊員資格は男女を問わず、恥ずかしげもなく「おおのたまらんちや」と言える人です。そんな中高年の仲間たちが、山や巡礼や南の島にと、ちょっと「探険隊的」に行動しています。今回のターゲットは、なんとサワガニです。

　そんな私がサワガニに魅せられたのは、青いサワガニの色でした。こんな色のサワガニが私たちの間近かに生息していたのだ。そう思うと、次から次にどんな色のサワガニが棲んでいるのか知りたくなりました。そして、とうとうサワガニのとりこになったというわけです。

　サワガニを見つけるには石をはぐります。少し気をつけて、石を眺めて見ましょう。周りにはどんな種類の石があるでしょうか。形が四角い、丸い、平たい、色が黒い、茶色、赤い、緑色と、

水の中の仁淀川の石は一段ときれい

いろんな石があることに気づきます。ちなみに、四万十川は茶や黒っぽい石が多く、吉野川はほとんど緑色の石や岩ばかりです。それに比べ、仁淀川にいろんな石があるのは、主に複雑な地質の秩父帯を、上流は三波川変成帯を、下流域は四万十帯を流れていることに由来します。仁淀川には、いろんな種類の石がそれぞれの地層から流されてきているのです。

　最近、仁淀ブルーという言葉とともに仁淀川が注目されるようになりました。でも私は常々、仁淀川のお宝は河原の石だと思ってきました。

その中でも、特にチャートはきれいで、仁淀川には多く見られます。赤色、柿色、緑色、白色、灰色、暗灰色、淡青灰色、黒色などさまざまな色をしています。
　チャートはとても硬い石なので、昔は火打石として使われていました。チャートは、石英の成分でできた石です。彼らはいったい、いつこの河原に来たのでしょうか。初めは、海水にある細かい石英の粒が海底にたまってできた石だと思われていましたが、その後、その粒は放散虫という暖かい海にすむ海洋プランクトンだとわかりました。実は、チャートは放散虫の化石なのです。この放散虫の化

仁淀川の河原の石の標本

石からその時代がわかりました。恐竜のいた時代よりも新しい１億年ほど前の時代です。いま私が手にしているチャートは、約１億年かけて遠い南の海からやってきたのです。そう思うと、美しいだけでなく地球の歴史の物語を持つ河原の石がダイヤ以上に思えてきて、ロマンを感じます。このことを多くに人に知らせたくて、石の標本を作ったり、ガイドをしたりしています。

　いま「仁淀川のお宝は何か」と聞かれたら、私は河原の石とサワガニと答えます。しかし、仁淀川の魅力はそれだけにとどまりません。ゴリもその一つで、ゴリ釣りやゴリ釣りの絵本を作ったりしています
　ゴリ（正式名・ヨシノボリ）釣りは、簡単な材料で、誰もが釣ることができます。
　まず、仕掛けを作りましょう。たこ糸と釣り針（ハリス付き3.5〜4号）、そして錘になる細長い5cmほどの石を河原で探し用意します。たこ糸は２mほどの長さに切ります。たこ糸の先が10cmほど残るようにして、錘の石を結びます。そのタコ糸の先に釣り針のハリスを結びます。最後に、片方のたこ糸の端に重しになる少し大きめの石を結びます。これで完成です。

仕掛けと釣れたゴリ

　次は、餌を探します。餌は、川の中の石と石の間に巣を作る川虫のトビケラで、必要な量を確保します。川虫を針にさし、たこ糸の大きめの石を川の中に置き、錘を持って勢いよく投げ入れます。同じ仕掛けを２、３個作り、仕掛けがからまない間隔で投げ入れておきます。
　少し待ってから、たこ糸をたぐりよせるとゴリが釣れています。次から次と釣れるので楽しいです。釣ったゴリは持ち帰り、天ぷらにして食べると最高です。

■ **古屋八重子** サワガニの生物学に興味あり。水生昆虫の専門家。

ムシ屋がサワガニと心底から遊んだ

　高校2年の国語（古文）の時間、先生から「虫愛ずる姫君（堤中納言物語）」のことが話され、クラスメートが一斉に私を指差しました。ここで言う虫は昆虫とは限りません。クモやゲジゲジ、トカゲなんかも虫なのです。新しい学年が始まった時、ちょっと意地の悪い男子生徒が傷ついたトカゲを教室に持ち込み、教卓の上に置きました。女子生徒が、そして教師までもが、それぞれの席に近づけなくて立ち往生しています。それを黙って取り除いたのが私だったのです。そのことをクラスメートは覚えていたのでしょう。

　大学の理系に進学して、水の中の虫に出会いました。水玉模様のエラを持ったカゲロウの優雅な姿、砂粒や小枝を材料に美しい形の筒巣を造るトビケラ、黄色と黒の複雑な模様を背負ったカワゲラ、私はすっかり川の虫のとりこになりました。本格的に虫愛ずる姫君（？）になったのです。虫愛ずるオバサン君の頃には、ミジンコの愛嬌のある動きと、くるくる廻るワムシ（プランクトン）にも気を取られました。

　がちがちのガリ勉で時に落ちこぼれもちらつく、それが若い頃からの私でした。遊ぶのはあくまでも気分転換のためであり、私にとっては"おまけ"だったように思います。

　結婚もし、仕事もして60歳に、連れあいに置いてきぼりにされ、まごついている私を友人が山へ誘いました。そこで出会ったのが山岡さんです。

　「古屋さん、連休頃予定がありますか」「特別には何もありません」

　「あけちょいてください」「はい」

　山をはじめたばかりのへなちょこをどこの山へ連れて行ってくれるのだろう？　それが沖縄・西表島でした。海と浜と仲間だけの西表、そこで過ごす1週間、経験はもちろんのこと予想もできなかった日々です。これだ！　真剣に遊ぶのだ！　私の中で何かがはじけました。それからというもの、全身全霊で遊ぶことが続いています。虫愛ずるババ君になった今の一番は、サワガニとの遊びです。心底から遊んだからこそ、サワガニのことがいくつか明らかになりました。本当の探求は遊びに端を発している、とは言い過ぎでしょうか。

　虫愛ずるババ君は、やっぱり川にすむムシのことが気になります。そのうちの一つ、ヒゲナガカワトビケラのことを少し紹介しましょう。

　日本国中、どこの川へ行っても、中流か

ヒゲナガカワトビケラの巣を囲む小石

上：ヒゲナガカワトビケラ
下：オオシマトビケラ

ら上流にかけてお目にかかる虫です。もちろん川が汚染されていなければ、のことですが。ハンドボールかラグビーボールほどの石がごろごろしている川で、その石を持ち上げると数ミリほどの小石が塊でくっついているのに出会うでしょう。その小石のところをよく見ると、2センチほどの細長い黒っぽい虫がいます。ヒゲナガカワトビケラか、その従兄弟のチャバネヒゲナガカワトビケラです（幼虫です）。

　この虫たちは、蚕のように口から吐く糸で小石を綴り合わせて石の間に巣を作り、巣の入り口に網を張り、流れてきて網にかかったものを食べています。この虫は、川にすむ魚にとってまたとないご馳走になります。南信地方（長野県の南部）では、「ざざむし」と称して佃煮にして人も食べています。結構美味しいのですよ。

　形も似ているし、生活様式も同じ従兄弟同士の2種の虫が仁淀川にもたくさんいます。本流の中〜下流域ではヒゲナガカワトビケラだけがいます。そして支流のうち標高の高いところにもヒゲナガカワトビケラだけがいます。その中間には従兄弟が仲良く一緒に暮らしています。チャバネヒゲナガカワトビケラが住処についての注文がより細かいのでしょうか、生息域がより狭いのです。

　オオシマトビケラは、又従兄弟か又又従兄弟ぐらいの虫です。躰が少

ヒゲナガカワトビケラの巣と網

しずんぐりとして、色は灰色から濁った緑色です。やはり同じように巣をつくり、網を張ります。その網の目がヒゲナガカワトビケラたちと比べると、はるかに細かいつくりです。仁淀川では面河第三ダムより下流の本流域にいます。

　だいぶ以前のことですが、吉野川の早明浦ダムのすぐ下流でオオシマトビケラが大発生しました。その時、このムシのお腹の中を覗いてみたら、なんとたくさんのプランクトンを食べていることがわかりました。ダムから流れ出るプランクトンがたくさんのオオシマトビケラを育てたのです。仁淀川でも面河第三ダムと大渡ダムとが続いてあり、その下流は暮らしやすいのでしょう。ヒゲナガカワトビケラたちの網の目にはプランクトンは小さすぎてかかりません。少なくとも2〜3ミリはあるような小さなムシや動植物の小さなかけらを食べているのです。

■ 畠中誉博(はたなかたかひろ) サワガニ調査の提案者。環境調査の技術者で、生物をこよなく愛する。

興味をもって見ることから始まる

　大学時代に川の中の底生動物群集を専攻し、アマゴ、イワナといった淡水魚の胃内容物を研究テーマとし、その時に水生昆虫の同定について勉強しました。幸いなことに卒業後も底生動物の分類、川やダムのプランクトンの同定を仕事とし、また小学生や環境に興味のある人を対象にした生物教室の講師を行ったりしています。

　そんな中、恩師である古屋先生から「仁淀川の調査をしないか」と声を掛けていただきました。それは、生物の調査のみをするものではなく、地歴や土地の歴史、景観や生き物などさまざまなジャンルから仁淀川をアピールしようというものでした。生物については古屋先生と私の2人が受け持つこととなり、専門である水生昆虫は古屋先生が、私は他の生物を調査することとなりました。

　サワガニの調査が進むにつれて大きな結果につながっていったのは、自分は何もできませんでしたが、お宝探検隊の皆さんの力があったお陰です。そして、自分たちに語りかけてくれたサワガニ君たちにも感謝の気持ちでいっぱいです。

　私のことを言うと、現在の会社では、水生昆虫の同定、付着藻類および淡水プランクトンの同定を業務としつつ、環境水や排水中の汚染状況、健康に悪影響のある成分が過剰に含まれていないか調べるため、水質の化学分析業務も行っています。

卵を抱えたサワガニ

　愛媛県東予地方で行ったイシガメ調査では、餌生物となる底生動物相についても調査を行いましたが、水生昆虫やプランクトン以外の生物調査にも同行する中で、は虫類および両生類にも興味を持つようになりました。

　は虫類や両生類を観察するには、夜間に山道を車で走って探すのが簡単です。冬が明けて暖かくなると、石鎚山系へ探しに行きます。雨の後が狙い目で、水がないと移動が難しいカエルも、道路まで出てきています。春先は繁殖期に入っていますので、鳴き声も頼りにすることができます。

ニホンヒキガエル

こうして探していると、ほとんどの種類のカエルを見ることができますが、特に目立って見ることができるのがニホンヒキガエルです。ニホンヒキガエルは西日本に広く分布する体長7〜17㎝、褐色をした大型のカエルで、いわゆるガマガエルです。東日本にはアズマヒキガエルが生息していますが、両種は鼓膜の大きさが異なり、アズマヒキガエルに対してニホンヒキガエルは鼓膜が小さいといった特徴があります。

　日本には4種のヒキガエルが生息していますが、目の後ろ辺りに耳線という毒線を持ちます。この毒腺から、敵に追い詰められた時に毒液を出します。この毒はブフォトキシンといい、幻覚作用や強心作用を引き起こします。余談ですが、ヘビのヤマカガシは本種の毒に耐性があり、頚部から分泌される毒は、ヒキガエルの毒を貯蓄して利用していることが判明しています。毒を持つというと怖そうなイメージが湧きますが、ちょっとやそっとのことでは毒を出すことはありません。野生生物ですので、絶対に問題がないということはありませんが、自分が毒を持っているという安心感からか、のんびりした性格をしています。近寄って行ってもすぐに逃げることはなく、驚かせると頭を下げて両手を前に突き出す独特の防衛ポーズを取ります。車で走っている時は、車のライトが当たるとこのポーズを取りますので、目を凝らしていると思ったより簡単に見つけることができます。

上：シコクハコネサンショウウオ
下：アカザ

　この仕草が結構可愛らしいのですが、他の人に話してもいまいち伝わりません。かくいう自分も、実際に見てみるまではヒキガエルを気持ちの悪い生き物だと思っていましたので、当然といえば当然です。

　しかし、こんな話を何回かしているうちに、興味をもって見てみたいという人がでてきました。そこで、これはというのを選び（個人の見解ですが、顔付きに個性があります）、職場に連れて行ったところ、カエルファンが一気に増えました。カエルを好きだという人は女性に多く、不思議なものです。興味がありましたら、実際に見てみてください。飼育も簡単です。ただし、ヒキガエルは北海道で国内移入種として問題となっています。逃がす時は元にいた場所に逃がすようご配慮を。

■ 産田 孝　旅好き、山好き、花好き人間。

山と花からサワガニへ

　登山らしきことを初めてやったのは高2の夏、道具を借り集めて友人と石鎚へ。安居から入り、途中で2泊して山頂に立ちました。

　初めての雪山は5月の立山。富山工場での見習い中に山好きの上司にくっ付いてゆき、今思えば無防備（無知）の行動で、何もない雪原できつい照り返しを受けて顔の皮が二度剥けることを体験しました。以来、山は途中少し途切れながらも細々と続いています。

　昔、家から遠く離れたくって、東京に本社のある会社を選択したのに、皮肉にも見習い後に配属されたのは徳島工場！　ならばと金を握ると、休日は夜行列車に乗って西日本のあちこちへ。野次馬根性丸出しで歩いたおかげで今いる場所との比較ができるようになりました。

　花との出合いは、まずサツキ。徳島にいた頃、これも同僚が当時流行っていたサツキの鉢をくれたのがきっかけでした。ちょうど日光・晃山系がもて囃されていた時期で、枝をもらってきては挿し木して増やしていきました。

白いカタクリ

コアツモリソウ

　ガラッと変わったのは東京に転勤になった頃から。環境の変化が、育てることのできる種類を変えました。室内で育つセントポーリアに熱中。関東は意外に、山野草店や関連の展示会が多く、その意思さえあれば何でも手に入ります。館林に移動になった時にはベランダのない部屋を提示されたため（単身赴任だったので）断って、植物のことを第一に、一戸建て庭付き住宅を借りました（月5万円だった）。ちょうど隣に安行という植木の町があり一気に火がつきました。山野草は山で見るだけの私でしたが、ここでウチョウランやエビネ、その他の山野草の栽培に出合うこととなったのです。

　そして、定年で高知に引き上げる時荷造りした鉢数は約千鉢、普通の荷物より多かったほどです。

　定年退職して帰高した時、観光協会に行っていた従妹の旦那から「仁淀川探検記という特殊

技能集団がある、あんたも植物好きだから興味があるなら参加してみては？」との誘いがあり、面白そうなので参加することにしました。

最初は水生生物調査、一見同じようでも違うことを知りました。いろんな川虫や、名前は知っていても現物は見たこともないサンショウウオなど、興味津々でした。この調査で以前、西赤石岩室の池で動いていたのは陽輝石を身に纏ったトビケラの幼虫と判明、長年の謎が解けたという副産物もありました。

西赤石のアケボノツツジ

何回目かの会で「サワガニ」の色、大きさ、環境などの調査をするという話が出ました。サワガニは赤、と信じそれ以外は知らなかったせいもあり、「なんでサワガニ、多少の変化はあっても調査に値する？」と本心で思いました。今まで生きてきて見たものは、みな赤、その他の色なんかいるわけない！

ところがいました、青が、それも集団で。茹でてみると赤くならないのにまたびっくり。赤くならない甲殻類がいるとは知りませんでした。

青と赤がいれば、その中間は予測できます。しかし、さすが黄色までは頭が回りません。「黄色がいる」との情報を聞きつけ、行ったところは宇和島の近く僧都川。雨の日の訪問に、林道を這っているたくさんの黄色いサワガニを見つけた時はたまげました。

赤、青、黄、三色揃い踏み、これで信号機ができる！

何回か参加しているうちに、サワガニに色のバリエーションがあることに気づかされました。もう一つ気づいたのが、メンバーの熱心さ。四国全河川の調査に手をつけたかと思うと、とうとうその分布図まで作ってしまうありさま。挙げ句に、九州、紀伊半島まで足を延ばしていくのでした。

振り返るに、肝心の興味のある植物にはあまりタッチせずに「サワガニ」を追っかけていた記憶が新鮮です。今は、お気に入りのサワガニラインアップのコピーを持ち歩き、機会ある度に吹聴しています。

マダガスカルの子どもたちと

メキシコの首のレリーフ（戦利品）

■ 岩代洋子　男性隊員が一度ひっくり返した石の下からサワガニを見つける名人。

山歩きとパッチワークとサワガニと

　日頃「あなたの趣味は何ですか」と聞かれると、「山歩きとパッチワーク」と答えることが多い。主な理由は、飽きることなく20年以上続けているからです。

　山歩き（山登り）を始めようと思ったのは、子どもたちも自立して巣立って行き、姑も見送って、それまでの多忙だった生活も一段落し、「自分のしたいことが自由にできる時間」が持てるようになった時期でした。

　そんな時、古屋さんと「月に1回くらい野原を歩いてみたいね」と話したことがきっかけで、「あるぷハイキングクラブ」を紹介されて入会しました。（登山クラブとは知らなかった）

　山登りと言えば、故郷の六甲山、高知へ来てからは家族で工石山、剣山、瓶ヶ森くらいしか登っ

佐渡の山マトネ付近　花の山

たことがなく全くの素人だったので、クラブで登山のABCから教えていただきました。たちまち、家族や友人たちが呆れ果てるくらい山登りにのめりこんでいきました。そして、ひまさえあれば、四国の山々はもちろん、北は利尻山から南は屋久島の宮之浦岳まで、登りたい山、登れる山々を、仲間たちと登り続けていました。

　しかしその後、体調を崩したこともあり、体力とブランクの関係で、最近は里山を楽しみながら歩いています。これからも自然の中に身を置いて、心のリフレッシュができるような山歩きを続けていければと思っています。山歩きは一歩一歩自分の足で歩くことで頂上（目標）に行き着きます。

　最近、パッチワークは、作りたい時に、本を参考にしたり、色合わせを工夫したりして、自分流の作品を作って楽しんでいる程度になっていますが、これからも縫い続けたいと思っています。一針一針縫って、作品ができる過程が好きです。パッチワークも山歩きと共通していると思います。

　子どもの頃、駆け回って遊んでいた野原、小川、雨上がりの山道で見た小さくてかわいらしいまっ赤なカニ、お料理のつけ合わせにから揚げされた赤いカニ、絵本などの挿絵の赤いカニ、サ

ワガニは赤いと思い込んでいました。

　2012年11月1～4日、いの町のギャラリーコパでの「サワガニの色はどうしてちがうの」の講演会の会場で、水槽の中に青いサワガニ（背が青く、足が白色系）を初めて見た時、「これがサワガニ？」と驚きました。また、赤いサワガニでもいろいろあり、川によっても違うなど、まだまだ謎が多く、さらに調査する必要があると報告されました。

　その時「実際に見てみたいな～！」と思ったのが、サワガニ採りのお手伝いをするようになった最初の動機でした。そして古屋さんに誘っていただき、ただ興味本位に川を覗きに行ったのがきっかけで、すっかりサワガニのとりこになってしまいました。

鷲ノ山（香川県）ミニ88ヶ所がある

高滝山（岡山県吉備津地方）岩の面白い山

　サワガニを採集する時は、一つの水系で2～3か所選定して採集します。場所を決定する時は、皆が車の左右の窓から、条件に合うような場所がないか、"ここ、あそこ"と探します。場所を決めると、長靴をはき、小さなバケツを持って、山岡さんに大体の予想の説明を聞き、「いるかな～」とそっと石を動かす。サワガニが思い通りにいた時はうれしいし、何回ひっくり返してもいない時はどっと疲れたものです。

　何度も行くうちに、サワガニの生息環境がわかりだしました。

・本流でなく、支流に流れ込む沢沿い
・人家から少し離れ、汚水（生活排水や農薬等）の流れ込まない所
・水が澄んでいて、川底の石や砂にコケ等が付着していない所
・水量が多くなく、流れも激しくない岸辺
・大きめのゴツゴツしていない岩（石）の下で、底は小石混じりの砂地になっていて、隠れやすい所
・大雨の後は、川岸、林道や小さい溝に避難している

　こうして、四国一周、南九州、紀伊半島一周と採集に参加して、少しだけでも手助けになったとしたらうれしいと思います。一つの事を継続することの楽しさも充分味わえて、感謝の気持ちでいっぱいです。

　この調査では、普通の観光やドライブ、山行の時と違った観点で風景を見ることになるのですが、これが結構楽しく、四季の変化、人々の暮らしなど、とても新鮮でした。改めて、日本の自然の美しさを見直して感動しました。

　サワガニ採集のお手伝いをさせていただいたことは、私の趣味とも共通して「楽しい」の一言に尽きました。

【引用・参考文献】

(*1) 荒木 晶・松浦 修平 (1995a)：サワガニの成長．九大農学芸誌 **49**(3-4)，125-132.

(*2) 荒木 晶・松浦 修平 (1995b)：サワガニの相対成長と生殖腺の成熟．Nippon Suisan Gakkaishi **61**(4), 510-517

(*3) 荒木 晶・松浦 修平 (1997a)：サワガニの卵巣の季節的変化と卵形成過程．Journal of National Fisheries University. **46**(1). 21-26

(*4) 荒木 晶・松浦 修平 (1997b)：サワガニの精巣の季節的変化と精子形成過程．Journal of National Fisheries University. **46**(1). 27-31

(*5) 一寸木 肇 (1976)：サワガニ *Geothelphusa dehaani* (WHITE) の体色変化とその分布について（予報）．Researches on Crustacea, No.7, Carcinological Museum

(*6) Minoru Ikeda, Toshiya Suzuki and Yoshihisa Fujio (1998)：Genetic Differentiation among Populations Freshwater Crab, *Geothelphusa dehaani* (White), with Reference to the Body Color Variation． *Benthos Research,* **53**(1), 47-52

(*7) 松野 隆男・若狭 義子・大久保 雅啓 (1982)：サワガニのカロテノイド．Bulletin of Japanese Society of Scientific Fisheries, **48**(5), 661-666

(*8) Kanji NAKAJIMA and Tatsuyoshi MASUDA (1985)：Identification of Local Population of Freshwater Crab *Geothelphusa dehaani* (WHITE)．Bulletin of the Japanese Society of Scientific Fisheries, **51**(2), 175-181

(*9) 鈴木 廣志・津田 英治 (1991)：鹿児島県におけるサワガニの体色変異とその分布．日本ベントス学会誌，**41**, 37-46

================【協力者】(50 音順)================

以下の方のご協力を得ました。深く感謝申し上げます。

足立 亨介氏／吾妻 健氏／合田 環氏／関 伸吾氏

サワガニ "青" の謎

発行日：2017年12月1日
著　者：古屋八重子　山岡遵
発行所：(株)南の風社
　　　　〒780-8040　高知市神田東赤坂2607-72
　　　　Tel 088-834-1488　Fax 088-834-5783
　　　　E-mail edit@minaminokaze.co.jp
　　　　http://www.minaminokaze.co.jp